EXTRAIT DES ANNALES DES SCIENCES NATURELLES
BOTANIQUE, 6e SÉRIE, TOME I

HISTOTAXIE DES FEUILLES DE GRAMINÉES

Par M. J. DUVAL-JOUVE.

OBJET ET PLAN DE CETTE ÉTUDE.

L'objet de la présente étude est de constater les principales dispositions des tissus dans les feuilles des Graminées, et de déterminer, autant que possible, le rapport de certaines dispositions avec les fonctions imposées par le milieu.

La constatation de modes divers dans l'agencement des tissus peut conduire à des comparaisons histotaxiques très-différentes, suivant le but que l'on se propose. En effet, les unes peuvent porter sur les espèces d'un même genre et avoir pour objet de rechercher si aux différences extérieures répondent des différences dans l'organisation interne. Elles sont applicables *dans les cas douteux de distinction spécifique* et propres, s'il y a diversité évidente, à corroborer la valeur de la distinction, ou, s'il y a identité, à montrer la persistance de la structure essentielle d'un seul et même type sous des modifications purement accidentelles. — D'autres comparaisons peuvent servir à rechercher quels points histotaxiques sont communs, soit aux espèces d'un même genre, soit aux genres d'une tribu ou même d'une famille, et si à la communauté de conformation des organes de reproduction correspondent des dispositions communes dans les tissus des organes de végétation. — D'autres enfin peuvent avoir pour objet de reconnaître quels points histotaxiques sont communs aux organes végétatifs de plantes appartenant à des genres plus

ou moins éloignés ou même à des familles différentes, mais vivant dans des mêmes conditions de milieu.

Ces dernières comparaisons sont les seules qui paraîtront dans le présent travail ; et ainsi celles que nous aurons à faire, au lieu de porter sur des espèces congénères pour en apprécier les caractères différentiels, porteront sur les modifications histotaxiques elles-mêmes, afin de montrer le rapport constant d'une même disposition avec les fonctions qu'un même milieu impose à des plantes de genres très-éloignés.

Nous ferons cette étude dans l'ordre indiqué par le tableau suivant :

I. Historique de la question.
II. Examen de la feuille des Graminées dans son ensemble extérieur.
III. Histotaxie :
- 1. Épiderme..
  - a. Bandes recouvrant le tissu fibreux hypodermique.
  - b. Bandes recouvrant le parenchyme.
  - c. Bandes de cellules bulliformes.
- 2. Faisceaux fibro-vasculaires.
- 3. Tissu fibreux hypodermique.
- 4. Parenchyme
  - a. Parenchyme à chlorophylle.
  - b. Parenchyme simple incolore.
  - c. Parenchyme étoilé.

IV. Conclusions et résumé.

I

HISTORIQUE.

On a bien souvent répété que les Graminées constituent une des familles les plus naturelles, c'est-à-dire les plus nettement distinctes et les plus facilement reconnaissables à première vue. Cela est incontestable. Mais cette uniformité d'aspect qui aide si bien à la distinction des Graminées, a sans aucun doute fait croire que la même uniformité règne dans leur organisation anatomique, et par suite en a détourné l'attention des agrostographes.

En ce qui concerne les feuilles des Graminées, je ne connais aucun travail qui traite de la répartition de leurs divers tissus.

Scheuchzer s'est borné à distinguer les grandes régions de ces feuilles : gaîne, ligule, limbe, face inférieure et face supérieure (*Agrost.* in voc. expl., v° FOLIUM).

Linné, dans la thèse de son élève, H. Gahn, s'exprime ainsi qu'il suit au début du passage qu'il consacre à la feuille des Graminées : « FOLIA in Graminibus ejusdem sunt structuræ », affirmation malheureuse qui doit avoir eu pour effet d'empêcher bien des recherches. Cependant Linné ajoute immédiatement : « Pagina vero superior plerumque viridior evadit, exceptis paucis » foliis setaceis absque paginis planis. Præterea communiter » folia valde sunt flexilia, sed in maritimis siccissima, involuta. » Folia secundum *foliationem* Botanicis dictam, Graminibus sunt » vel *conduplicata* vel *convoluta*. » (H. Gahn, *Fund. agrost.*, p. 17 et 18, et *Amœn. acad.*, VII, p. 175.) Ces trois observations, très-fondées et que nous aurons à rappeler, auraient dû, ce semble, inspirer à Linné le désir de rechercher si quelque disposition particulière répond à ces modifications extérieures.

Schreber, ce descripteur si consciencieux et si minutieux, ne se livra non plus à aucune recherche anatomique, et tous les agrostographes descripteurs ont fait de même.

A. Babel, dans sa thèse *De Graminum fabrica et œconomia*, 1804, accorde à peine quelques lignes à la structure des feuilles. Sa première proposition : « Constant folia Graminum ex longi- » tudinalibus parallelis fasciculis, *sine ulla vasorum transversa* » *complicatione* » (p. 25), se termine par une inexactitude; et la seconde : « Cæterum absorbentes pori in superficie inferiore » foliorum apparent » (p. 25), n'est pas plus exacte. Nul détail d'ailleurs sur la disposition des éléments (1).

A la rigueur on comprend cet oubli et ces inexactitudes dans le rapide travail d'une thèse ; mais on les comprend et on les excuse moins de la part d'un auteur prenant la famille des Graminées pour objet d'une étude spéciale. Je veux parler de Palisot de Beauvois et de son *Essai d'une nouvelle agrostographie*, 1812.

(1) Pritzel attribue cette thèse à Curtius Sprengel : « Libellus prorsus *Sprengelii* » est, licet nomen auctoris *August Babel* in titulo legatur » (*Thes. lit. bot.*, p. 282). Cette affirmation surprend en présence de ces inexactitudes, car C. Sprengel était anatomiste distingué, et se vantait de l'être.

Quelques heureuses divisions de genres, plus instinctives peut-être que scientifiquement établies, ont valu à cet auteur une autorité qui incontestablement en a empêché plus d'un d'entreprendre sur l'anatomie des Graminées des études qu'il pouvait croire déjà faites sérieusement. Or, sur les feuilles de cette famille, Palisot de Beauvois est à peine allé aussi loin que Babel. La première phrase du chapitre qu'il leur consacre n'est que la reproduction de celle déjà citée de Linné : « Les Feuilles (*folia*) » sont essentiellement uniformes. On ne les distingue entre elles » que par les caractères suivants : glabres ou velues, lisses ou » scabres », etc. (p. xvij); et la dernière, destinée à faire connaître la *structure* des feuilles, se borne à ce qui suit : « Les deux sur- » faces de la lame sont recouvertes par un épiderme. Sous » l'épiderme on voit la substance granuleuse verte, puis un tissu » cellulaire à plus grandes mailles, entourant des faisceaux de » fibres disposés parallèlement à ces surfaces. La rudesse de la » surface est occasionnée par des espèces de papilles ou petites » arêtes (1). » (P. xxj.)

Tout en se rappelant que cet auteur se proposait spécialement de décrire et de classer les genres des Graminées, et tout en tenant compte de l'époque de ses travaux, il faut reconnaître que ce qu'il a eu la prétention inutile de dire (p. xvij et xxj) et de figurer (pl. II, fig. 16 et 17) sur la « *structure* » des feuilles de cette famille, porte les traces d'une extrême négligence et a été plus propre à arrêter les recherches ultérieures qu'à les provoquer.

En effet, depuis Palisot de Beauvois, on ne trouve plus dans les travaux d'agrostographie la plus légère mention de la structure des feuilles. M. le docteur d'Ettingshausen a bien appelé l'attention sur les caractères fournis par la nervation des Graminées (2); mais son mémoire ayant pour objet la détermination

(1) Cet auteur n'a pas négligé que la structure des feuilles. De la racine, il se borne à dire : « fibreuse et plus ou moins rameuse » (p. IX) ; pas un mot des éléments qui la composent. Du rhizome, pas un mot. Du chaume, une analyse trop grossière pour pouvoir être critiquée, et si générale, que, avec la prétention de s'appliquer à toutes les Graminées, elle ne s'applique à aucune.

(2) *Beitrag zur Kenntniss der Nervation der Gramineen*, avec six belles planches, in *Comptes rendus de l'Acad. des sc. de Vienne*, t. LII, octobre 1865.

des Graminées fossiles, l'auteur a dû laisser de côté les détails anatomiques, et se borner à grouper les feuilles d'après la grosseur et l'écartement des nervures.

En 1870, dans un mémoire où je cherchais à distinguer nos espèces d'*Agropyrum* par les caractères anatomiques des rhizomes, des chaumes et des feuilles (1), je donnai quelques détails sur l'organisation générale de ces dernières parties et sur les différences qu'elle présente dans divers genres. Cette première étude, faite incidemment et seulement en vue des distinctions spécifiques, était nécessairement très-réduite; de nombreuses recherches faites depuis lors m'ont permis, non certes de la compléter, mais au moins de l'étendre et de préciser assez mes observations pour oser aujourd'hui les présenter comme une étude spéciale.

II

DE LA FEUILLE CONSIDÉRÉE EXTÉRIEUREMENT ET DANS SON ENSEMBLE.

Dans ce qui suit, je ne m'occupe que des feuilles proprement dites se développant à l'air libre, et non des feuilles-écailles du rhizome.

Les feuilles naissant aux nœuds du chaume sont ordinairement espacées, et ce n'est que très-rarement qu'elles sont toutes accumulées au bas du chaume, comme sur l'*Enodium cœruleum* Gaud., où les nœuds sont si rapprochés à la base et le dernier entrenœud si allongé, que l'apparence est celle d'un chaume nu et n'ayant que des feuilles basilaires. Quelquefois les rameaux du rhizome sortent de terre et supportent aussi des feuilles, espacées sur certaines espèces, sur d'autres rapprochées en faisceaux souvent qualifiés « faisceaux stériles de feuilles. »

D'ordinaire toutes les feuilles d'un même pied se ressemblent; cependant, sur d'assez nombreuses espèces (*Stipa capillata* L., *Glyceria festucæformis* Host, *Poa pratensis* L., *Festuca rubra* L., *F. spadicea* L., etc.), les feuilles basilaires et celles des faisceaux

(1) *Étude anatomique de quelques Graminées, et en particulier des* Agropyrum *de l'Hérault*, in-4°, avec six planches coloriées.

stériles sont plus étroites que les feuilles culmaires, mais la structure est identique ; sur d'autres espèces, il y a en outre dans la structure quelques légères différences que j'indiquerai plus loin avec détail.

Mais, pour éviter toute méprise à cet égard, je dois prévenir dès à présent que, sauf mention contraire, les coupes que je comparerai sont toutes opérées sur la deuxième feuille du chaume en partant de la panicule, vers le tiers inférieur du limbe, et toujours sur des feuilles *ayant atteint leur parfait développement.* J'ajouterai qu'il faut apporter le plus grand soin à n'opérer des coupes *de comparaison* que sur des feuilles de même ordre, complétement développées, toujours en un point identique et rigoureusement déterminé. Sans ces précautions, on serait exposé à rencontrer des différences de détail qui, bien que peu importantes, pourraient embarrasser ou même induire en erreur.

Deux Graminées, communes par excellence, nous en fourniront les premiers exemples. Les feuilles inférieures du *Dactylis glomerata* L. et du *Panicum Crus-galli* L. présentent des canaux aérifères, qui disparaissent en partie ou même tout à fait aux feuilles culmaires les plus élevées. De plus, les feuilles basilaires du *Panicum Crus-galli* ont des canaux à air dans le parenchyme incolore de leur nervure médiane ; mais aux feuilles culmaires cette même nervure n'a de canaux qu'à son tiers inférieur. L'épiderme, la disposition du parenchyme vert, restent les mêmes ; mais la présence ou l'absence de ces canaux peuvent tromper.

Les feuilles inférieures de l'*Oryza sativa* L. ont un limbe si fortement rétréci à sa base en une grosse côte, qu'il semble pétiolé ; les supérieures sont entièrement laminaires. Les feuilles culmaires des *Melica minuta* L., *Festuca Eskia* Ram., etc., sont presque dépourvues des assises de fibres qui sont nombreuses sur les feuilles fasciculées. Les feuilles basilaires de l'*Andropogon squarrosum* L. présentent sur leur tiers inférieur des détails de structure un peu différents de ceux du tiers moyen, lesquels diffèrent notablement de ceux du tiers supérieur. Sur de nombreuses espèces (*Panicum plicatum* Lam. ; *Imperata cylindrica*

P. B.; *Erianthus Ravennæ* P. B.; *Andropogon Gayanum* Kunth, *A. squamulatum* Hochst.; beaucoup de *Sorghum*, etc.), le limbe est vers sa base rétréci en grosse côte, et n'est laminaire et complétement étalé qu'au delà de son milieu ; de sorte qu'une coupe opérée vers la base du limbe offrira des détails de forme ou de structure qu'on ne verrait pas sur une coupe opérée plus haut.

Ajoutons que, sur une feuille très-jeune, les éléments de certains tissus, par exemple ceux des groupes fibreux hypodermiques, ceux de l'assise-limite des faisceaux fibro-vasculaires, ceux du tissu étoilé, etc., n'ont ni le nombre, ni l'apparence qu'amèneront le complet développement et la durée. Ainsi, sur le *Sorghum saccharatum* L., vers la base des feuilles jeunes, et aux points où se montrent sur certaines espèces des canaux aérifères, on voit un tissu très-lâche, à grands méats, chargés d'air, tandis que, dans les feuilles adultes, le tissu de ces mêmes points, plus développé et plus serré, ressemble au reste du parenchyme.

Le plus souvent, chaque nœud ne porte qu'une feuille isolée : « Folium unum ad basim cujuslibet nodi » (Kunth, *Enum. plant.*, I, p. 5); « folia ad singulum articulum solitaria » (Steudel, *Syn. Glum.*, p. 1). Cependant, chez un assez grand nombre d'espèces (*Cynodon Dactylon; Sporobolus arenarius* Gouan; *Æluropus littoralis*, la plupart des *Chloris*, etc.), chaque nœud du chaume en supporte deux, et chaque nœud de la région hypogée au moins trois (1). Ces feuilles, qui naissent au nombre de deux ou de trois sur un même nœud, n'ont pas pour cela leurs lignes d'insertion dans un même plan ; mais à leur base, elles sont superposées et distantes d'un demi à un millimètre. La gaîne de l'inférieure embrasse étroitement celle des autres, et les limbes divergent en direction opposée, en suite de cette loi, que toutes les feuilles des Graminées, isolées ou rapprochées, épigées ou hypogées, sont toujours en disposition distique (2).

(1) J'ai signalé cette disposition en 1869 ; voyez *Bull. Soc. bot. Fr.*, t. XVI, p. 106 et suiv.

(2) Ce n'est pas ici le lieu d'exposer en détail les rapports que la présence sur un même nœud de ces deux feuilles *à direction opposée* soutient avec les deux glumes

Le limbe est toujours une lame, en ce sens qu'il a toujours *deux faces distinctes*, une supérieure et une inférieure, toujours différentes de structure et souvent d'aspect ; et jamais ce limbe ne perd sa face supérieure et ne se ferme en cylindre, comme ceux de certaines Joncées (*Juncus acutus*, *J. maritimus*, etc.) et de certaines Cypéracées (*Cyperus junciformis*, etc.). Mais cela ne veut pas dire que ce limbe conserve partout et toujours la forme laminaire, mince, plane et rubanée, avec ses faces parallèles (exemple : *Poa annua* L., pl. 18, fig. 4); loin de là : et si c'est son apparence la plus fréquente sur les Graminées de nos champs et de nos prairies, sur d'autres espèces aussi nombreuses il est sec, dur, épais, plié en deux ou roulé sur sa face supérieure, sans carène dorsale, et simulant un limbe cylindrique et jonciforme (*Aira media*, pl. 17, fig. 3; *Arthratherum pungens*, pl. 17, fig. 10 ; *Lygeum Spartum*, pl. 17, fig. 7, etc.); sur d'autres, il se réduit à une grosse côte médiane presque dépourvue d'expansions latérales vertes (*Andropogon lanigerum*, pl. 18, fig. 11, et aussi *Imperata cylindrica*, croissant dans des sables très-maigres, etc.) ; sur d'autres, il présente une forte carène, et ses deux côtés, sans s'épaissir, se relèvent en V très-fermé (*Chloris petræa*, pl. 18, fig. 1 ; *Avena bromoides*, pl. 17, fig. 2, etc.); sur d'autres enfin, il est plissé en éventail, avec des plicatures alternant à chaque face (*Panicum plicatum*, pl. 17, fig. 12, 13, etc.). Et il présente ainsi une multitude de formes variées, que nous aurons à examiner dans l'ensemble comme dans les détails de leur structure.

Le limbe est parcouru longitudinalement par des faisceaux fibro-vasculaires de diverses grosseurs. Pour en marquer les différences, j'appellerai *primaires* les faisceaux les plus considérables et les plus complets ; *secondaires* et *tertiaires*, les autres, suivant leur degré de développement (1). Ces faisceaux, renfor-

d'un épillet, ni ceux de la suppression de l'une de ces deux feuilles chez beaucoup de Graminées, avec la réduction ou la suppression de l'une des deux glumes dans certains genres, etc., et ce serait presque superflu, tant ces rapports sont immédiatement évidents.

(1) Voyez J. Duval-Jouve, *Étude histotaxique des* Cyperus *de France*, p. 355.

cés de groupes fibreux qui s'y rattachent, déterminent des lignes saillantes à la face *supérieure*, et constituent ce qu'on a appelé des *nervures*. Celle du milieu est d'ordinaire plus forte que les autres, et forme même quelquefois à la face inférieure une saillie prononcée, la *carène*, d'où lui vient la double désignation de nervure *médiane* ou de nervure *carénale*. Mais une telle nervure carénale ne se présente ni sur certaines feuilles, dont la face supérieure est creusée de profonds sillons et l'inférieure tout unie (*Aira latifolia*, pl. 19, fig. 6; *Stipa altaica*, pl. 17, fig. 11, etc.), ni sur celles qui ont la région médiane du limbe fort épaisse, et, par suite, au lieu d'une carène à un seul faisceau fibro-vasculaire, ont une *côte* médiane parcourue par un nombre plus ou moins considérable de petits faisceaux (*Saccharum officinarum; Sorghum saccharatum*, etc.).

D'autre part, la nervure carénale n'est pas rigoureusement médiane, et ne partage pas le limbe en deux moitiés d'égale largeur. Sur les feuilles à vernation condupliquée (*Sesleria cærulea; Avena bromoides; Poa pratensis*, etc.), cette inégalité, se réduisant à une nervure de moins, est peu sensible si les limbes sont complétement étalés; on la constate bien nettement sur ceux qui sont encore en vernation. Mais sur les feuilles à vernation convolutive, l'inégalité est beaucoup plus saillante, et le côté sur lequel s'opère l'enroulement est le plus étroit. Comme sur ce même côté la brièveté du rayon de courbure exige une très-forte inflexion de la face supérieure, les sillons qui séparent les nervures deviennent plus larges et plus profonds, et par suite les nervures plus saillantes. Il est même assez ordinaire que, vers la marge, ce côté n'arrive pas à devenir tout à fait plan, et qu'il reste un peu relevé (*Calamagrostis Epigeios; Festuca arundinacea*, pl. 19, fig. 4; *Brachypodium phœnicoides*, pl. 19, fig. 14); et enfin, lorsque, sur un chaume arraché, le limbe se fane et s'enroule de nouveau, c'est toujours par ce même côté que recommence l'enroulement.

Le sens de l'enroulement est alternant; c'est-à-dire que si, sur une feuille, il est dextre, sur la suivante et sur la précédente il est sénestre; et si, quand toutes les feuilles d'un chaume y sont encore adhérentes, on les étale en éventail, la face supérieure tournée vers l'observateur, elles présenteront le petit côté de leur limbe alternativement dextre et sénestre, mais *toujours sur le même flanc du chaume* (pl. 16, fig. 4). Ce dernier fait est une conséquence d'un autre fait important que j'ai précédemment signalé (*Étude histotaxique des* Cyperus *de France*, p. 350 et suiv.), savoir : que tout chaume de Cypéracée ou de Graminée, n'étant jamais un axe primaire et provenant toujours d'un rhizome, est un rameau par rapport à l'axe primaire idéal, et que les feuilles sont alors inéquilatérales, comme celles d'un rameau d'*Ulmus* ou de *Celtis*, dont le plus petit côté est toujours le plus rapproché de l'axe qui supporte ce rameau.

Pour peu que les marges d'un limbe condupliqué se trouvent gênées dans leur développement, elles s'incurvent en dedans, et la vernation condupliquée aboutit à la vernation convolutive. Entre ces deux modes de vernation, il n'y a donc pas aussi loin qu'il le semble à première vue, et l'un passe très-facilement à l'autre. On en voit des exemples sur le *Lolium rigidum* Gaud., où les feuilles sont, ou condupliquées, ou légèrement convolutées (pl. 16, fig. 8), où souvent même la feuille culmaire la plus élevée est condupliquée vers sa pointe et convolutée vers sa base. C'est ce qui avait fait dire à Clauson que, « dans les feuilles du » *Lolium italicum*, on a le mode condupliqué et le mode en» roulé » (*Bull. Soc. bot. Fr.*, VI, p. 201); c'est ce qui peut expliquer le désaccord des botanistes sur la vernation des *Lolium* (Kirschleger, *Fl. d'Als.*, II, p. 361 et 362; *Bull. Soc. bot. Fr.*, VI, p. 202), et peut-être aussi pourquoi Linné, qui avait si nettement décrit et figuré les modes de vernation (*Phil. bot.*, p. 105 à 108, 306 et 307), en fit ensuite si peu d'usage dans ses diagnoses et ses descriptions (1).

On peut remarquer encore que l'inversion du sens de l'enroulement de deux feuilles consécutives se retrouverait si les deux

(1) Suivant P. D. Giseke, Linné n'aurait pas cessé de croire à la valeur des caractères distinctifs fournis par le mode de vernation des Graminées, et ne se serait abstenu de les employer que par insuffisance de faits observés. — Cf. *Prælect. in ord. nat. plant.*, p. 142.

mêmes feuilles n'en faisaient qu'une en s'unissant par la marge de leur moitié externe (pl. 16, fig. 7), ou encore si cette moitié du limbe, au lieu de s'étaler, s'enroulait sur elle-même en conservant le sens de la première convolution. C'est ce qui arrive à un rouleau de papier, dont la partie étendue et laissée libre s'enroule de nouveau sur elle-même ; tout en continuant le mouvement et le pli reçus, cette partie s'enroule en sens inverse du premier enroulement. Soit, en effet, un mouvement spiralé (pl. 16, fig. 5) commençant en *a* ; si, arrivé en *b*, il continue en décroissant, il aboutira en *c*, en formant deux spirales de sens inverse, se complétant l'une l'autre pour constituer la vernation involutive d'une feuille idéale, dont la face supérieure serait tournée vers l'axe, mode de vernation qui existe fréquemment dans la nature. Tandis que la même union de deux feuilles consécutives, enroulées dans le même sens, aboutirait à une vernation représentée par la figure 6, laquelle ne se rencontre pas dans la nature, et résulte précisément d'un mouvement spiralé qui, arrivé en *b*, continuerait en sens opposé.

La marche des nervures dans le limbe présente des particularités qui, à ma connaissance du moins, n'ont pas été signalées, et qui cependant sont assez tranchées et assez faciles à observer pour fournir de bons caractères.

Sur certaines feuilles, la région la plus large est la base même du limbe. Un seul faisceau fibro-vasculaire constitue et la nervure médiane, et la carène plus ou moins saillante; toutes les autres traversent la bande transversale blanche (région pétiolaire) qui sépare le limbe de la gaîne, et toutes sont parallèles à la nervure médiane. Les plus rapprochées d'elle la suivent jusqu'à la pointe ; les plus éloignées expirent sur la marge à mesure que la largeur diminue, de telle sorte que l'ensemble du limbe est triangulaire (pl. 16, fig. 1), quelquefois un peu élargi vers le milieu de sa longueur où les nervures s'écartent un peu entre elles (*Crypsis aculeata; Arundo Phragmites; Uniola latifolia*, etc.). Ces feuilles sont à vernation convolutive, et par suite la base du limbe est inéquilatérale, et plus relevée d'un côté que de l'autre (*Phalaris canariensis; Arundo Donax; Hordeum; Triticum*, etc.).

D'autres feuilles, à vernation condupliquée, ont également toute leur largeur à la base du limbe, un seul faisceau constituant la nervure médiane et carénale. Les nervures latérales sont aussi parallèles à celle-ci ; mais les plus rapprochées des marges vont presque jusqu'à la pointe, qui est brusquement atténuée. De ces limbes, les uns, étroits, épais, demeurent pliés et presque cylindriques (*Lygeum Spartum; Stipa tenacissima*, etc.) ; les autres s'étalent en une lame à bords parallèles, subitement coupée en pointe courte et un peu creusée en cuiller (*Sesleria cærulea; Dactylis glomerata; Avena bromoides; Poa trivialis*, pl. 16, fig. 2, etc.).

D'autres enfin ont un limbe étroit à sa base, si étroit même quelquefois qu'il se réduit à une très-grosse côte blanche et canaliculée en dessus, arrondie en dessous, à peine bordée de chaque côté d'une mince saillie de parenchyme (1); mais ces saillies vont en s'élargissant pour constituer les côtés d'un limbe laminaire qui peut devenir très-large (pl. 16, fig. 3). Les nervures, au lieu d'être toutes isolées dès la base et de courir parallèlement à la côte médiane, se détachent successivement de celle-ci à des points toujours plus éloignés de la base, jusqu'à ce qu'enfin, vers le tiers ou le quart supérieur, la nervure médiane devienne isolée comme dans le premier type décrit, et alors les nervures les plus rapprochées d'elle l'accompagnent parallèlement jusqu'à la pointe (*Oryza sativa*, feuilles inférieures; *Panicum Crus-galli; P. plicatum*, pl. 16, fig. 3; *Erianthus Ravennæ; Andropogon annulatum;* plusieurs *Sorghum*, etc.). De sorte qu'un tel limbe, rétréci à sa base et élargi plus loin, est dans son ensemble linéaire-lancéolé (pl. 16, fig. 3). Au limbe des deux premières catégories, toutes les nervures étaient dès la base isolées de la nervure médiane, et couraient dans le parenchyme vert ; à celui de la dernière, le nombre des nervures courant dans le paren-

(1) Sur l'*Andropogon Gayanum* (pl. 18, fig. 10) cette région rétrécie a toute l'apparence d'un pétiole long de 10 centimètres et large seulement d'un millimètre, sans trace d'expansion laminaire.

chyme vert augmente à mesure qu'augmente la largeur ; mais si l'on fait une coupe transversale d'un tel limbe près de la base, là où la côte est à son maximum d'épaisseur, et simule même une sorte de pétiole (pl. 18, fig. 10, A), on trouve que le nombre des faisceaux principaux est égal à celui des nervures principales au maximum de la largeur (pl. 18, fig. 10, B). Ces nervures partent donc en réalité de la base même du limbe ; mais elles ne s'isolent de la côte médiane que successivement, et celle-ci n'est à son tour réduite à une nervure isolée qu'au delà de son milieu et vers la région terminale.

On a trop souvent répété après Babel (ou Sprengel, voy. *supra*, p. 296, note), et surtout après Mirbel, que « dans les Graminées » les nervures marchent isolées et ne se communiquent point par » des veines anastomosées » (Mirbel, *Élém. physiol. vég.*, I, p. 151). « Le limbe des Monocotylédonées ne présente pas de nervures » en réseau, si ce n'est dans les *Aroïdées*, *Smilacées* et *Dios-* » *corées* » (Adr. Jussieu, *Cours de bot.*, § 130), etc. J'ai signalé en 1872 la présence de faisceaux fibro-vasculaires transversaux sur les Graminées aquatiques (1) ; mais comme précédemment j'avais cru, sur l'affirmation de Laharpe (*Monogr. des Joncées*, p. 106), que les diaphragmes étaient particuliers aux Joncées, tandis qu'ils existent dans toutes les Monocotylédones aquatiques, de même alors je crus qu'il n'y avait de faisceaux transversaux que sur les diaphragmes des Graminées aquatiques, tandis qu'ils se rencontrent même sur les feuilles des Graminées non aquatiques, dépourvues de lacunes et de diaphragmes. Et cependant ces faisceaux transversaux sont visibles à l'œil nu et par transparence sur les feuilles d'un assez grand nombre de Graminées (*Panicum Crus-galli*; *Gynerium argenteum*; *Bambusa mitis*; *B. nigra*; *Eleusine Coracana*; *Chloris*, etc.) (2).

(1) *Diaphragmes vasculifères des Monocotylédones aquatiques*, p. 161 et suiv.

(2) Sur les planches obtenues par l'impression des feuilles elles-mêmes (*Tafeln im Naturselbstdruck*), qui accompagnent le mémoire déjà cité de M. d'Ettingshausen (*Beitrag z. Kenntniss d. Nervation der Gramineen*), les nervures transversales se sont même imprimées sur les espèces suivantes : *Olyra longifolia* H. et Kunth ; *Centotheca lappacea* Desv. ; *Panicum clandestinum* L., *P. latifolium* L. ; *Orthoclada laxa* Pal. B. ;

J'ai trouvé ces faisceaux transversaux dans toutes les Graminées où je les ai cherchés ; je citerai celles où ils sont si rapprochés, qu'on en rencontre toujours quelqu'un ou quelque fragment sur une coupe transversale faite au hasard :

Tragus racemosus ; Phalaris canariensis ; Phleum arenarium ; Sorghum halepense, S. saccharatum ; Panicum Crus-galli, P. sanguinale ; Cynodon Dactylon ; Gynerium argenteum ; Chloris, toutes les espèces ; Sporobolus arenarius ; Avena sterilis, A. fatua ; Eleusine Coracana ; Poa bulbosa ; Eragrostis major, E. minor, E. pilosa ; Æluropus littoralis ; Melica altissima ; Dactylis glomerata ; Cynosurus echinatus ; Festuca arundinacea ; Lolium italicum, etc.

Il faut donc reconnaître que les feuilles des Graminées possèdent aussi des faisceaux transversaux de communication entre les faisceaux longitudinaux de divers ordres qui les parcourent parallèlement. Nous reviendrons dans la description histotaxique sur les détails de leur disposition qui varie avec la constitution des limbes.

III

HISTOTAXIE.

Sur la section transversale d'une feuille adulte d'*Avena bromoides* (pl. 17, fig. 2) on voit :

A l'extérieur, une enveloppe cellulaire constituant l'*épiderme*, *a* ;

A l'intérieur, un mésophylle composé :

De *faisceaux fibro-vasculaires* de divers degrés, *b*, *b* ;

De *groupes fibreux* sous-jacents à l'épiderme et placés au-dessus et au-dessous de chaque faisceau et contre les marges, *c*, *c* ;

Bambusa vulgaris Willd. et autres *Bambusa* ; *Nastus tessellatus* Nees ; mais je n'en ai trouvé nulle mention dans le texte.

M. Sachs mentionne bien ce fait que « parfois les nervures latérales des feuilles des » Monocotylédones sont reliées perpendiculairement par de courtes branches d'anasto- » mose en un réseau à mailles rectangulaires » (*Traité de bot.*, trad., p. 714) ; mais, comme ses devanciers, il paraît n'attribuer cette organisation qu'aux « feuilles dont le » limbe est traversé par une forte nervure médiane, produisant latéralement des ner- » vures parallèles, comme dans les *Musa*, les *Alisma* et *Costus*, ainsi que dans » l'*Ouvirandra* » (*op.* et *loc. cit.*).

Et d'un *parenchyme vert*, *d*, remplissant tout l'intervalle.

Si ensuite on examine la section d'une feuille de *Glyceria aquatica* (pl. 18, fig. 3), on trouve dans le mésophylle, en outre des éléments ci-dessus mentionnés :

Du *parenchyme incolore;*

Des *canaux aérifères*, *b*, occupés dans le jeune âge par un *tissu étoilé* et interrompus de place en place par des *diaphragmes* d'un tissu particulier.

L'examen d'autres feuilles, quelles qu'elles soient, montrera dans toutes la présence constante des premiers éléments plus ou moins développés, et, dans quelques-unes, l'adjonction de l'un des deux derniers ou de tous les deux, lesquels peuvent être regardés comme des modifications du parenchyme.

Ainsi, les divers éléments à considérer dans l'étude histotaxique des feuilles des Graminées sont les suivants :

1° L'épiderme;

2° Les faisceaux fibro-vasculaires;

3° Les groupes fibreux hypodermiques;

4° Le parenchyme à chlorophylle, éléments qui se trouvent dans toutes ; et en outre :

Le parenchyme incolore;

Et le parenchyme étoilé des canaux aérifères et de leurs diaphragmes, modifications qui se trouvent dans quelques espèces seulement.

Mais cette structure si simple, et toujours identique en ce qu'elle a de général, est, par développement ou réduction de chacun de ses éléments, susceptible d'une telle variété dans les détails de l'agencement, qu'elle me contraint d'appliquer à cette étude des feuilles des Graminées ce que Malpighi disait de la structure des feuilles en général : « Tam varie configurantur » folia, ut impossibile sit ad certas normas singula reducere : » principalioribus tamen contentus, quasdam exponam foliorum » formas, non ut genera plantarum tot characteribus distincta » constituam, sed ut rudis notitia, facilioris intelligentiæ gratia, » habeatur. » (*Anat. plant.*, p. 32.)

1° Épiderme.

L'épiderme du limbe n'est composé que d'une seule assise de cellules; mais ces cellules présentent deux formes très-différentes, suivant qu'elles recouvrent les groupes fibreux ou le parenchyme. La plupart des espèces présentent encore, particulièrement à la face supérieure, soit à la plicature médiane, soit entre les nervures principales, mais toujours à des points rigoureusement déterminés suivant l'espèce, des cellules d'une troisième forme, paraissant remplir une fonction toute particulière, et auxquelles leur grandeur et leur apparence sur une section transversale ont valu le nom de cellules *bulliformes* (pl. 16, fig. 16, *f*, *g*). Et comme toutes ces cellules sont disposées en lignes longitudinales parallèles, leurs trois formes diverses constituent des bandes facilement reconnaissables sur les coupes transversales ou sur des lambeaux d'épiderme.

a. Bandes recouvrant le tissu fibreux hypodermique.

Les cellules de ces bandes sont les plus étroites de toutes; elles ont en même temps les parois les plus épaisses et tout particulièrement la paroi externe; c'est là leur caractère spécial. Comme leur présence est toujours subordonnée à cette condition d'être superposées au tissu fibreux hypodermique, la largeur de leurs bandes dépend entièrement de celle des groupes qu'elles recouvrent, et elle est en général beaucoup plus grande à la face inférieure du limbe qu'à la supérieure, où souvent elle se réduit à deux rangs de cellules ou même disparaît entièrement (*Chamagrostis minima*, pl. 17, fig. 1; *Kœleria villosa*, feuilles basilaires, etc.). Sur les feuilles où le tissu fibreux envahit toute la face inférieure (*Festuca Eskia*, *F. glauca*, pl. 17, fig. 5, etc.), l'épiderme de cette face se compose uniquement de ces cellules étroites, et si le tissu fibreux envahit la face supérieure, les mêmes cellules l'accompagnent et recouvrent le tout, sauf une ou deux lignes de cellules avec stomates qui se trouvent sur les flancs des grosses nervures (*Ampelodesmos tenax; Stipa tenacissima*, pl. 17, fig. 8, etc.).

Les bandes de cellules bulliformes, ainsi que celles qui recouvrent le parenchyme vert, sont le plus souvent composées de cellules à peu près d'égale longueur, abstraction faite des stomates. Au contraire, les bandes superposées aux groupes fibreux hypodermiques offrent, presque sur toutes les espèces, cette particularité remarquable d'être composées alternativement d'une cellule longue et d'une très-courte, ou même de deux très-courtes (*Elymus giganteus*, etc.), quelquefois même moins longues que larges. Les cellules longues ont la paroi externe plane et lisse ou à peine chagrinée et toujours au niveau général des autres. Or, sauf quelques rares exceptions, cette paroi, sur les cellules courtes, ne reste point à ce niveau; quelquefois elle ne devient que légèrement convexe et soulevée en petit hémisphère (espèces à feuilles lisses; face inférieure de *Triticum junceum*, *Spartina versicolor*, *Psamma arenaria*, etc.); mais le plus souvent elle saille en pointes courtes, dures, obliques et très-aiguës, qu'on a désignées sous les noms d'aspérités, d'aiguillons, de denticules, etc., ou en longs tubes filiformes et mous, qu'on a appelés poils (*Erianthus Ravennæ; Avena barbata; Bromus erectus*, etc.). Ces cellules *exodermiques* (1) occupent des positions déterminées et ont des formes propres qui ne peuvent être ici indiquées que brièvement, attendu qu'elles diffèrent beaucoup d'espèce à espèce.

Les expansions exodermiques, qu'elles soient courtes et aculéiformes (pl. 16, fig. 12 et 13), ou longues et piliformes (pl. 16,

(1) Entre les aiguillons courts et aigus et les plus longs poils, il n'y a qu'une différence de dimension, et la modification organique est la même, savoir, l'expansion de la paroi externe au delà du niveau commun. Le terme doit donc rester le même ; et, malgré ma répugnance pour l'emploi d'un mot nouveau, j'ai pris celui d'*exodermique* pour désigner cette modification. On a pu, au début de l'observation, dire de certains végétaux, qu'ils portaient de la laine, de la soie, du duvet, des cils, des poils, de la barbe, des aiguillons, etc.; et cette comparaison grossière entre l'aspect extérieur de ces végétaux et celui de la peau de quelques animaux serait sans inconvénient, si elle se bornait à l'emploi d'un adjectif exprimant une vague ressemblance, comme si l'on disait de ces expansions exodermiques qu'elles sont piliformes, squamiformes, claviformes, moniliformes, étoilées, etc. Mais, en l'état de la physiologie végétale, il nous semble impossible de conserver comme nom d'organe un des substantifs précités. Cependant celui de *poil* a survécu. On répète bien qu'il est impropre, que les poils

fig. 9, *a*; pl. 17, fig. 13, *p*, et pl. 18, fig. 6, *a*), occupent presque en entier la face externe de la cellule. Celles qui sont hémisphériques et obtuses (*Sporobolus arenarius; Æluropus littoralis*, etc.) s'élèvent de cellules dont la partie encastrée dans l'épiderme a la forme d'un parallélipipède (pl. 16, fig. 9, *b*; 10, 11); celles qui sont aculéiformes s'élèvent obliquement d'une cellule qu'elles constituent presque à elles seules et dont la cavité est très-petite entre une paroi externe très-épaisse et une interne plus mince avec canalicules de communication (pl. 16, fig. 12). Il en est absolument de même pour celles qui sont filiformes (*Panicum plicatum*, pl. 17, fig. 13, *p*); leur base encastrée dans l'épiderme constitue toute la cellule qui les supporte. En cela elles diffèrent complétement de ces saillies tubuleuses, faisant fonction de suceurs, qu'on a appelées les poils de l'épiderme des racines, attendu que la base de ceux-ci n'occupe qu'une très-petite partie de la cellule à la surface de laquelle ils surgissent et qui est de même volume que celles qui sont toutes nues.

Les expansions exodermiques aculéiformes ont en général la forme d'un cône très-aigu, un peu comprimé latéralement et s'élevant obliquement, soit directement de toute la face externe de la cellule (pl. 16, fig. 12), soit du sommet d'une protubérance hémisphérique qui occupe toute cette même face (pl. 16, fig. 13). La pointe est ordinairement dirigée vers celle du limbe; par exception, à la marge des feuilles du *Leersia oryzoides*, cette direction se montre seulement sur la moitié supérieure du limbe et la direction opposée sur la moitié inférieure; ce qui rend les marges coupantes dans quelque sens qu'on les prenne.

des végétaux ne ressemblent, ni par leur structure, ni par leur mode d'accroissement, aux poils des animaux ; mais l'habitude prévaut, et dans les ouvrages de la plus haute et de la plus juste autorité, on emploie ce terme pour désigner les cellules ou les appareils cellulaires issus de l'épiderme et saillant en dehors, que ce soient « des tubes » simples, ou des séries de cellules, ou des plans de cellules, ou même des masses » compactes de tissu », etc. (Sachs, *Traité bot.*, trad. p. 187). Je crois qu'il y a là un véritable abus. Le même auteur va plus loin encore : il fait des poils un des quatre organes fondamentaux des plantes supérieures, et, suivant lui, les sporanges des Fougères, au lieu de provenir d'une modification de la feuille qui les supporte, « sont » des poils transformés » (*op. cit.*, p. 174, 175, 476 et suiv.). Ce n'est point ici le lieu d'examiner cette question.

Sur les Graminées, les expansions exodermiques sont le plus souvent simples et consistent en une seule cellule; mais les fortes expansions marginales du *Tragus racemosus* se distinguent de toutes les autres en ce que, au lieu d'être nues à leur base, elles sont entourées d'un revêtement tubulaire, qui, formé vers le bas de trois ou quatre assises concentriques, diminue d'épaisseur en s'élevant, et expire environ au tiers de la longueur totale de l'expansion piliforme (pl. 19, fig. 9).

Les cellules exodermiques aculéiformes ne se rencontrent guère qu'aux bandes recouvrant le tissu fibreux; elles arment les nervures et surtout les marges des feuilles; mais celles qui sont tubuleuses et piliformes se trouvent aussi sur les autres bandes de l'épiderme, comme nous le verrons plus loin. Les unes et les autres se rencontrent bien plus fréquemment à la face supérieure qu'à l'inférieure; elles manquent même à cette dernière sur la plupart des feuilles coriaces à grosses nervures supérieures (*Lygeum Spartum; Stipa tenacissima; Festuca glauca*, etc.).

Ajoutons que c'est sur les bandes d'épiderme recouvrant le tissu fibreux que se trouvent, chez toutes les Cypéracées, les cellules à fond conique, dont je n'ai pu rencontrer la moindre trace ni dans les Graminées, ni dans les Joncées. (Voy. *Comptes rendus de l'Institut*, *Académie des sciences*, séance du 1er avril 1872, et *Mémoires de l'Académie des sciences et lettres de Montpellier*, VIII, p. 227 et suiv., pl. XXI, fig. 9, *b*.)

b. Bandes recouvrant le parenchyme.

Les bandes d'épiderme recouvrant le parenchyme sont toujours formées de cellules plus larges et plus longues que celles des bandes superposées au tissu fibreux hypodermique.

Sur les feuilles un peu épaisses et coriaces, ces cellules ont des parois épaisses, avec faces d'articulation crénelées et toutes criblées de grands et nombreux canalicules de communication; vues de face, elles sont à peu près rectangulaires. Sur les limbes minces et mous, leurs parois sont plus minces et les faces d'articulation presque unies avec de très-petits canalicules; et vues de face, elles présentent la forme d'un hexagone très-allongé, si allongé même sur l'*Avena sterilis*, que celles du milieu de chaque bande à la face inférieure ont jusqu'à un millimètre et demi de long, et que sur l'*Hordeum vulgare*, où elles dépassent 2 millimètres, une seule d'elles recouvre plus de cinquante cellules à chlorophylle. Sur certaines espèces (*Festuca arundinacea*, etc.), elles sont, à la face inférieure, rectangulaires avec parois d'articulation unies. Chez plusieurs *Festuca* (*F. duriuscula ; F. rubra*, pl. 17, fig. 4, etc.), leur revêtement cuticulaire est très-prononcé et fait saillie au-dessus des parois longitudinales d'articulation.

Ces bandes alternent nécessairement avec celles qui recouvrent les fibres hypodermiques; mais à la face supérieure du limbe elles sont très-souvent partagées en deux par une bande de cellules bulliformes qui s'étend au fond du sillon ou de la dépression entre les nervures. Sur les limbes dont la face supérieure présente de très-grosses nervures où domine le tissu fibreux, elles sont très-réduites et situées sur les flancs de ces nervures (pl. 17, fig. 8).

Sur la plupart des espèces, toutes les cellules de ces bandes sont d'une seule grandeur et à paroi externe lisse ; sur quelques espèces seulement, il s'intercale dans leurs rangées de petites cellules, avec expansions exodermiques, soit courtes et aculéiformes, soit très-longues et piliformes. Très-souvent celles qui s'élèvent en expansions piliformes sont à leur base entourées d'un cercle de petites cellules à parois très-minces, un peu proéminentes ; la partie encastrée de la cellule exodermique est un peu étranglée au niveau de la face externe des autres, puis au-dessous un peu dilatée et ovoïde (*Panicum plicatum*, pl. 17, fig. 13, *p* ; *Sporobolus arenarius*, pl. 16, fig. 6, *a*, et pl. 18, fig. 9, *a* ; *Æluropus littoralis*, etc.). Chez ces deux dernières espèces, des expansions piliformes se montrent aussi dans les dépressions de la face supérieure où se trouvent d'ordinaire les bandes de cellules bulliformes. Chez l'*Andropogon foveolatum*, aux deux faces du limbe, mais particulièrement à la supérieure, les cellules de ces bandes portent des expansions exodermiques de deux sortes. Les unes, aculéiformes, ont une base très-réduite ; les autres, en alternance régulière avec des stomates, s'élèvent d'une partie encastrée très-dilatée, sont très-grosses, très-obtuses, cylindriques ou claviformes et d'un aspect tout particulier (pl. 18, fig. 12).

C'est toujours sur ces bandes de cellules que se trouvent les stomates, attendu que toute masse de parenchyme vert doit toujours être en contact avec un point de l'épiderme où s'ouvrent ces organes. J'ai décrit ailleurs la forme et la composition quadricellulaire des stomates des Graminées; je n'ai rien à ajouter ni à modifier à ce que j'en ai dit (1), et je n'ai à m'occuper ici que de leur position.

Ces petits organes sont toujours distribués en rangées longitudinales, soit sur toute la largeur des bandes qui nous occupent, soit tout aussi souvent sur leurs bords seulement.

La répartition des stomates aux faces des feuilles est loin d'être uniforme dans les Graminées. Quelques espèces en ont à la face inférieure seulement, ou n'en ont que très-peu à la supérieure (*Æluropus littoralis*, etc.) (2); d'autres en ont sur les deux faces (*Avena sterilis; Glyceria festucæformis*, *Glyc. fluitans*, *Glyc. aquatica*, etc.); d'autres enfin, plus nombreuses qu'on est porté à le croire, n'en ont absolument qu'à la face supérieure (3).

Lorsque les stomates sont répartis à la face inférieure ou sur les deux faces, le limbe conserve la position normale, c'est-à-dire que sa face inférieure demeure tournée vers le sol; mais si la

(1) En 1871, je décrivis et figurai l'appareil stomatique des Graminées, des Cypéracées et des Joncées comme composé de *quatre* cellules (*Bull. Soc. bot. Fr.*, t. XVIII, p. 236, pl. II, fig. 8 à 15 : *Arête des Graminées*, p. 53 et 77, pl. I, fig. 23 à 26). Cette opinion nouvelle, accueillie d'abord avec quelques doutes, a été plus tard confirmée dans le travail de M. Pfitzer sur les stomates des Graminées, et dans celui de M. C. Zingeler sur les stomates des *Carex : Die Spaltœffnungen der Carices* in *Pringsheim's Jahrb. für wissensch. Botanik*, 1873, t. IX, p. 128-146 (voy. aussi *Bull. Soc. bot. Fr.*, t. XXII, Rev. bibl., p. 18). Parmi les plus grands et les plus beaux stomates des Graminées sont ceux de l'*Avena sterilis*; à l'autre extrémité se trouvent ceux du *Sesleria cærulea*, que leur petitesse et la forme compliquée de leurs cellules latérales rendent difficiles à expliquer tout d'abord.

(2) Ce doivent être des feuilles de cette catégorie que Linné avait en vue quand il disait : « Pagina vero superior plerumque viridior evadit. » (*Fund. agrost.*, p. 18.)

(3) Sur les *Cyperus* et les *Juncus* (à feuilles non cylindriques) que j'ai pu examiner, je n'ai trouvé de stomates qu'à la face inférieure.

face supérieure est la seule pourvue de stomates, alors le limbe subit de très-bonne heure un mouvement de torsion d'un demi-tour, qui oppose au sol la face stomatifère presque tout entière. Ce fait se présente avec une invariable constance sur le *Triticum junceum*, le *Psamma arenaria*, le *Gynerium argenteum*, le *Melica altissima*, le *Scleropoa maritima*, etc. Les premières de ces espèces ont de longues feuilles coriaces, dont l'étroitesse se prête facilement à cette conversion ; mais le *Melica altissima* a des feuilles relativement très-larges, très-minces et médiocrement longues ; cependant elles conservent, comme les autres, toute leur largeur au point de torsion.

J'ai signalé en 1871 (*Bull. Soc. bot. Fr.*, t. XVIII, p. 236) la coexistence de ces deux faits : absence de stomates à la face inférieure, renversement du limbe des Graminées. Je crois que l'un de ces faits est la conséquence de l'autre ; mais je dois me borner encore à en constater la coexistence, attendu que je manque des conditions de recherche nécessaires pour déterminer exactement en quoi la conversion vers le sol des ouvertures stomatiques peut se prêter plus efficacement à l'échange des gaz entre la plante et l'atmosphère. Tout ce que je puis dire, c'est qu'il me semble que, par cette torsion d'un demi-tour, la feuille présente à l'action solaire celle de ses deux faces qui, dépourvue de stomates et revêtue d'une épaisse cuticule, se prête le moins à l'évaporation de l'eau de végétation.

M. J. Sachs mentionne, d'après M. Wichura (1), une torsion sur des feuilles d'*Allium*, d'*Alstrœmeria* et de certaines Graminées, ajoutant « qu'elle a pour résultat de tourner vers le ciel la » face inférieure de la région supérieure du limbe » (*Traité bot.*, trad., p. 1010). Cette expression pourrait faire croire que le savant physiologiste allemand a eu en vue le fait qui nous occupe ; mais s'il la vu, il ne paraît pas avoir soupçonné le rapport que cette torsion a avec la répartition des stomates, car il regarde toute torsion des feuilles comme « résultant d'une plus » longue durée de l'allongement dans les couches périphériques

(1) Wichura, in *Flora*, 1852, et in *Jahrb. für wissensch. Bot.*, 1859, p. 200.

» de l'organe » (*op.* et *loc. cit.*, et aussi *Physiol. vég.*, trad., p. 339). Les limbes de l'*Avena bromoides* et quelques autres, pourvus de stomates sur les deux faces, sont souvent tordus en spirale *sur toute leur longueur;* mais cette torsion totale, très-distincte de celle que nous signalons, laquelle *n'ayant lieu que sur un point*, se réduit à un demi-tour, d'où résulte un simple retournement du limbe; cette torsion totale, dis-je, est due aussi à une autre cause que celle indiquée par M. Sachs. Nous en traiterons plus loin, mais nous ne pouvons le faire qu'après avoir mentionné les dispositions du tissu fibreux hypodermique.

c. Bandes de cellules bulliformes.

En 1870, j'ai signalé, pour la première fois, sur les feuilles des Graminées, les cellules bulliformes que j'ai retrouvées depuis sur des feuilles de Joncées (1) et de Cypéracées (2). Voici ce que j'en disais : « A la face supérieure se montrent des bandes » de cellules beaucoup plus grandes que les autres, à parois » minces, lisses et tout unies. Elles ressemblent à de petites » bulles qui se compriment, et, de cette ressemblance, je les » appellerai *bulliformes*, attendu mon ignorance d'un nom déjà » imposé, et mon impuissance à leur en donner un tiré de leur » fonction. » (*Agropyrum de l'Hérault*, 1870, p. 320.)

Aujourd'hui je suis un peu plus avancé; et, si je ne puis encore déterminer rigoureusement comment fonctionnent ces cellules, j'ai du moins constaté quelques faits qui paraissent en rapport avec leur mode de distribution à la surface des feuilles. Je les exposerai après quelques détails sur la forme de ces cellules et sur leurs modes les plus généraux de distribution.

Les cellules bulliformes (pl. 16, fig. 16, *g*) se distinguent tout d'abord des autres cellules de l'épiderme par leurs plus grandes dimensions et par la minceur permanente de leurs parois. Elles m'ont constamment paru dépourvues de canalicules de communication, et ne m'ont offert non plus aucune trace de contenu coloré ou solide.

(1) *Bull. Soc. bot. Fr.*, t. XVIII, p. 235.

(2) *Étude histotaxique des* Cyperus *de France*, p. 354 et suiv.

Celle du milieu de chaque bande est toujours plus forte que les autres, dont le volume décroît progressivement du milieu aux bords de la bande. Sur une coupe transversale, elles se montrent le plus ordinairement cunéiformes, c'est-à-dire plus étroites vers l'extérieur, plus larges vers l'intérieur, disposées en petit éventail renversé : souvent au-dessous du niveau des autres, rarement un peu boursouflées au-dessus (*Zea Mays; Andropogon verticillatum*, etc.). Si on les observe de face sur un lambeau d'épiderme, on voit qu'en général elles sont plus courtes que leurs voisines, et surtout que celles qui leur correspondent à la face opposée (*Tragus racemosus; Lagurus ovatus; Avena sterilis; Hordeum vulgare*, etc.); sur l'*Arundo Donax*, elles sont même plus larges que longues. Leurs surfaces d'articulation sont tout unies ou très-légèrement ondulées, et, sur les bandes qu'elles constituent, je n'ai jamais vu de stomates, non plus que de saillies aculéiformes. Mais sur quelques espèces de *Panicum*, de *Chloris*, etc., il s'élève du milieu d'elles une cellule qui se prolonge en longue expansion piliforme (pl. 17, fig. 13, *e, p*) ; et sur le *Tragus racemosus*, où la grande cellule du milieu a sa face externe lisse, les latérales ont chacune une courte expansion obtuse tout contre leur extrémité articulaire supérieure (pl. 19, fig. 7 et 8, A, B, C).

Leur nombre, à peu près invariable sur les feuilles d'une même espèce, varie considérablement d'espèce à espèce, depuis trois jusqu'à douze à chaque bande. Leurs dimensions, tout aussi variables, sont toujours en rapport inverse avec le nombre. S'il y en a une douzaine à chaque bande, elles sont étroites, et leur diamètre transversal est à peine double de celui des autres cellules de l'épiderme (*Cynosurus echinatus*, etc.); s'il y en a quatre ou cinq, elles sont très-larges et très-profondes, et s'il n'y en a que trois, et que les deux latérales soient petites, la médiane est énorme, et, avec un diamètre décuple de celui des autres cellules épidermiques, elle occupe les deux tiers de l'épaisseur du limbe (pl. 19, fig. 7 et 8, A).

Leur répartition est absolument invariable sur une espèce ; mais dans la famille des Graminées, et souvent dans un même genre, elle est très-diverse. On peut distinguer les modes suivants, mais sans les enfermer avec trop de rigueur sous des définitions qui mettraient des limites là où il n'y en a point de rigoureuses :

A. A la face supérieure seulement.	I. Une bande au-dessus de la carène.	1° Une seule bande sur la carène.
		2° Une bande médiane et quelques latérales.
	II. Point de bande au-dessus de la carène.	3° Une bande seulement de chaque côté de la ligne médiane.
		4° Une bande de chaque côté de la ligne médiane, et quelques petites vers les marges.
		5° Une bande entre chaque faisceau, jamais au-dessus d'un faisceau.
		6° Bandes entre les faisceaux primaires, mais au-dessus de faisceaux tertiaires.
B. Aux deux faces...............		7° Une bande inférieure seulement de chaque côté de la carène.
		8° Bandes opposées.
		9° Bandes en alternance.

1° Une seule bande au-dessus du faisceau médian :

Dactylis glomerata, etc.

2° Une bande médiane, et une autre ou plusieurs de chaque côté :

Chloris petræa (pl. 18, fig. 1); Andropogon Allionii ; Eleusine oligostachya, etc.

3° Deux bandes seulement, une de chaque côté de la ligne médiane :

Sesleria cærulea (pl. 16, fig. 16), S. argentea ; Andropogon foveolatum (pl. 18, fig. 12) ; Eleusine indica ; Avena bromoides (pl. 17, fig. 2), A. pubescens, A. planiculmis ; Glyceria festucæformis (p. 17, fig. 9), G. nervata, G. fluitans, G. aquatica ; Poa annua (pl. 18, fig. 4), P. bulbosa, P. compressa, P. nemoralis, etc.

4° Une bande de chaque côté de la ligne médiane, puis quelques bandes très-petites vers la marge :

Andropogon squarrosum, etc.

5° Une bande entre chaque faisceau, jamais au-dessus d'un faisceau :

Oryza sativa; Phalaris cærulescens; Crypsis aculeata; Phleum pratense; Alopecurus bulbosus; Tragus racemosus (pl. 19, fig. 7); Cynodon Dactylon; Chloris radiata (pl. 18, fig. 2), Chl. submutica; Eleusine Coracana, E. indica; Arundo Donax, A. Phragmites; Calamagrostis Epigeios; Agrostis verticillata, A. alba; Polypogon monspeliense. P. littorale; Aristella bromoides; Piptatherum paradoxum, P. multiflorum; Kœlleria cristata; Holcus lanatus; Trisetum flavescens; Avena sterilis, A. fatua, A. barbata; Gaudinia fragilis; Glyceria distans; Eragrostis major, E. minor; Melica Magnolii, M. Bauhini; Uniola latifolia; Æluropus littoralis (pl. 19, fig. 10); Diplacne serotina; Bromus erectus, B. purgans; Triticum repens, T. caninum; Brachypodium sylvaticum (pl. 19, fig. 13), B. phœnicoides (pl. 19, fig. 14), etc.

De ces espèces, la plupart n'ont à chaque bande que trois files de cellules, dont celle du milieu est beaucoup plus grande que les autres. A la rigueur, les espèces du deuxième groupe pourraient se réunir à celui-ci, dont elles ne diffèrent que par la présence d'une bande médiane. Les unes et les autres ont un limbe plat et mou.

Les suivantes ont au contraire le limbe coriace, épais, quelquefois étalé, mais plus souvent plié et penciforme; et sur ces dernières les cellules bulliformes sont très-réduites, rudimentaires ou presque nulles :

Lygeum Spartum (pl. 17, fig. 7); Spartina versicolor; S. cynosuroides; Andropogon argenteum; Gynerium argenteum; Ampelodesmos tenax, où elles sont presque nulles; Psamma arenaria; Lasiagrostis Calamagrostis, où elles sont petites et tapissent presque les flancs des nervures; Stipa altaica (pl. 17, fig. 11), St. pennata, St. capillata, St. juncea, St. papposa, St. formicarum, St. tenacissima, où elles sont presque nulles (pl. 17, fig. 8); Arthratherum pungens (pl. 17, fig. 10); A. ciliatum; Aira cæspitosa, A. media (pl. 17, fig. 3); Avena Hostii, A. sempervirens; Enodium cæruleum; Festuca ovina, F. glauca (pl. 17, fig. 5), F. spadicea, F. arundinacea (pl. 19, fig. 4); Elymus arenarius, E. giganteus; Triticum junceum, T. littorale, etc.

6° Bandes entre les faisceaux primaires, mais au-dessus de faisceaux tertiaires :

Zea Mays; Coix Lacryma; Cenchrus tribuloides; Panicum Crus-galli, P. dilatatum, P. sanguinale, P. vaginatum; Setaria glauca, S. verticillata; Gymnothrix latifolia; Pennisetum longistylum, P. asperifolium (pl. 18, fig. 7); Tripsacum dactyloides; Saccharum officinarum; Erianthus Ravennæ; Imperata cylindrica, I. sacchariflora; Sorghum halepense, S. saccharatum; Andropogon Ischæmum, A. distachyon, A. Gryllus (disparaissent vers les marges), A. avenaceum, A. provinciale, A. annulatum (si développées sur ces trois dernières espèces, qu'elles empiètent sur la côte médiane, occupent presque toute la face supérieure, et par leur dilatation forcent le limbe à s'enrouler en dessous).

7° Indépendamment des bandes de la face supérieure, une bande de chaque côté de la carène à la face inférieure :

Leersia oryzoides (pl. 19, fig. 1).

8° Bandes d'une face opposées à celles de l'autre face :

Cenchrus echinatus; Panicum capillare; P. miliaceum; Phalaris canariensis, Ph. nodosa, Ph. aquatica; Melica altissima, etc.

A la rigueur, on pourrait à cette catégorie réunir la précédente, et de plus y rattacher certaines feuilles plates, minces, très-molles, bientôt fanées et desséchées, dont les deux faces sont semblables, et dont on pourrait dire presque indifféremment qu'elles n'ont pas de cellules bulliformes, ou que, à l'exception des bandes recouvrant les groupes fibreux, elles en ont sur les deux faces, tant sont grandes leurs cellules épidermiques avec des parois minces. Par exemple :

Chamagrostis minima (pl. 17, fig. 1); Polypogon maritimum; Kœleria phleoides; Scleropoa maritima; Bromus commutatus; Lolium rigidum, L. italicum, et beaucoup d'espèces annuelles.

9° Bandes d'une face alternant avec celles de l'autre :

Panicum plicatum (pl. 17, fig. 12-13); Pennisetum cenchroides, etc.

Comme on le voit par ce qui précède, presque toutes les espèces n'ont de bandes bulliformes qu'à la face supérieure, et les ont dans les dépressions ou sinus qui existent entre les nervures latérales ; quelques-unes seulement en ont une au-dessus de la nervure médiane. C'est au contraire cette dernière répartition qui se montre chez les Cypéracées indigènes, où les cellules bulliformes les plus grandes, énormes même quelquefois, se trouvent au-dessus de la ligne médiane, et où, chez plusieurs espèces, le reste de la face supérieure est couvert de cellules bulliformes de moindre dimension (1). Des Cypéracées indigènes et des quelques exotiques que j'ai pu examiner, aucune ne m'a présenté de bandes bulliformes à la face inférieure ; comme aussi je n'ai vu aucune feuille de Graminée, dont la face supérieure fût ainsi *entièrement et uniformément* occupée par ces cellules. Sur les nombreuses espèces d'*Andropogon* (*A. prionodes*, pl. 19, fig. 12), sur quelques *Chloris* où elles envahissent presque cette face, elles alternent toujours avec les bandes de cellules étroites recouvrant les groupes fibreux hypodermiques.

Sur le *Sporobolus arenarius* et sur l'*Æluropus littoralis* où les cellules bulliformes sont peu prononcées, on trouve, dans les dépressions où ces cellules sont ordinairement placées, de grandes cellules groupées autour de la base de fortes expansions filiformes. Leur aspect (pl. 16, fig. 9, *a*,*b*) rappelle celui des cellules bulliformes, et pourrait induire en erreur. Elles reproduisent la disposition que présentent à leur base les expansions de quelques *Panicum* (pl. 17, fig. 13, *p*) ; et, comme ces dernières, elles sont disséminées aussi bien à la face inférieure que dans les dépressions de la face supérieure, ce qui ne permet pas de les assimiler aux cellules bulliformes.

Les principaux modes de répartition des cellules bulliformes sont importants à connaître, non pas seulement pour les distinctions spécifiques qu'ils peuvent servir à justifier, mais pour leur rôle physiologique. En effet, la répartition de leurs bandes est toujours en rapport rigoureux tant avec le *mode de vernation* des

(1) Voyez J. Duval-Jouve, *Étude histotaxique des Cyperus de France*, p. 353 et suiv., pl. XXI et XXII. Les feuilles de plusieurs Joncées (*Juncus compressus* Jacq., *J. bufonius*, etc.; *Luzula campestris*, etc.) ont aussi la face supérieure toute couverte de cellules bulliformes (voy. *Bull. Soc. bot. Fr.*, t. XVIII, p. 234, pl. II, fig. 5).

feuilles de Graminées qu'avec les *mouvements* divers que ces feuilles exécutent, ainsi que nous allons l'exposer.

Mode de vernation. — Quand on a constaté la répartition des bandes bulliformes sur les feuilles adultes de certaines Graminées, et qu'on examine à l'état de vernation, même avancée, des feuilles des mêmes espèces, on voit que les points de plicature répondent à la position des bandes bulliformes. Mais les cellules de ces bandes, qui plus tard auront des dimensions quadruples ou décuples de celles des autres cellules épidermiques, sont à ce moment petites, rétrécies, non distinctes et non reconnaissables pour qui n'en aurait pas au préalable étudié la position sur les coupes d'une feuille adulte.

Tout mode de vernation, et surtout le mode convolutif, exige que la face supérieure, interne pendant la vernation, demeure plus étroite, tant que le limbe est enroulé ou condupliqué ; or, c'est sur les cellules bulliformes des lignes de plicature que porte la réduction, et les cellules épidermiques voisines ont déjà atteint leurs dimensions définitives que les cellules bulliformes sont encore en retrait et plus petites qu'elles ; elles ne se montrent complétement développées qu'au moment où le limbe, tout à fait à l'air libre, est en train de s'étaler.

Les feuilles qui n'ont qu'une bande bulliforme médiane, ou seulement une de chaque côté de la nervure carénale, ne peuvent évidemment pas se prêter à la vernation convolutive; et celle-ci ne peut exister que là où de nombreuses bandes bulliformes lui fournissent les lignes de plicature nombreuses et rapprochées qu'elle exige. Aussi ne la rencontre-t-on que sur les limbes ayant une bande bulliforme entre toutes les nervures, ou au moins entre les nervures principales. De même les limbes qui ont à leur ligne médiane une côte large et épaisse, et qui, par suite, n'ont de bandes de plicature que sur leurs côtés, sont incapables de la vernation condupliquée. Cela ne veut pas dire pourtant que *tous* les limbes à bandes bulliformes latérales soient nécessairement convolutés, puisque ceux dont la nervure médiane est étroite, et comprise, comme les autres nervures, entre deux bandes de plicature, peuvent très-bien être condupliqués sur toute leur largeur, ou, comme nous l'avons constaté sur le *Lolium rigidum*, (p. 303 pl. 16, fig. 8, *a*), présenter un mode mixte, condupliqué contre la nervure médiane, et convoluté vers les marges. Cela signifie seulement que les limbes réduits à une bande médiane unique, ou à une seule bande de chaque côté de la nervure médiane, ne peuvent se prêter qu'à la vernation condupliquée. Aussi les Cypéracées, chez lesquelles la répartition des cellules bulliformes est toujours médiane, ne présentent-elles que la vernation condupliquée simple (*Scirpus Holoschœnus*, etc.), ou condupliquée équitante triquètre (*Cyperus vegetus; Carex*, etc.).

Les limbes qui ont à la face supérieure de très-grosses nervures rétrécies à leur crête et séparées par de profonds sillons (*Spartina stricta* (pl. 18, fig. 5; *Aira latifolia*, pl. 19, fig. 6; *Stipa altaica*, pl. 17, fig. 11, etc.), peuvent se prêter à la vernation condupliquée ou légèrement convolutive, sans bandes bulliformes, ou avec des bandes bulliformes peu développées (*Polypogon maritimum*), attendu que l'étroitesse du sommet de leurs nervures et la largeur des sillons permettent le rapprochement des nervures, et par suite la réduction de surface exigée. Aussi les cellules bulliformes sont-elles nulles ou rudimentaires sur de tels limbes, ainsi que sur ceux qui ne s'étalent pas et restent pliés et jonciformes (*Nardus stricta*, pl. 17, fig. 6; *Lygeum Spartum*, pl. 17, fig. 7; *Arthratherum pungens*, pl. 19, fig. 10, etc.).

L'inégalité que j'ai mentionnée plus haut (page 302), et que les deux moitiés latérales d'un limbe présentent soit dans leur largeur, soit dans la profondeur de leurs sillons, se retrouve sur les bandes de cellules bulliformes. La moitié interne, sur laquelle l'enroulement se fait avec un rayon de courbure plus réduit, a ses bandes plus prononcées; la différence est particulièrement sensible sur les limbes convolutés, dont la côte médiane est épaisse et large, et, des deux bandes contiguës à cette côte, l'une est très-forte et l'autre très-réduite (*Andropogon provinciale, A. squamulatum; Sorghum halepense; Erianthus Ravennæ; Imperata cylindrica*, etc.). Cette dernière disparaît même entièrement sur quelques espèces (*Andropogon avenaceum*), tandis qu'une bande bulliforme prononcée persiste sur le bord de la côte contigu à la moitié interne,

A l'exemple de Linné (1), on a bien distingué et décrit les deux principaux modes de vernation des feuilles de Graminées (2) ; mais on n'avait pas encore, à ma connaissance du moins, constaté le rapport qui existe entre la structure anatomique et le mode de vernation.

Mouvements. — Jusqu'à présent on a peu remarqué la motilité des feuilles de Graminées (3). Les mouvements des folioles ou des feuilles des *Hedysarum*, *Mimosa*, *Robinia* et autres, sont tout d'abord saisissables, parce que d'ordinaire ils sont rapides et fréquents, et que le changement dans la position de chaque partie, par rapport à un axe, amène sur l'ensemble de la feuille un changement de forme très-appréciable. Les mouvements des feuilles des Graminées sont très-lents, et le plus souvent n'ont lieu qu'une fois, comme celui de l'expansion du limbe ; ils ne se reproduisent ensuite qu'à de longs intervalles, selon les variations extrêmes de lumière et de sécheresse, ou après une blessure, ou même après un simple froissement. De plus ils s'opèrent sur un limbe, dont ils ne changent guère la forme générale, et qui demeure linéaire après comme auparavant. C'est là sans doute ce qui a fait que l'attention ne s'est point portée sur ces mouvements qui sont très-réels, et consistent en :

Rapprochement ou écartement des moitiés latérales d'un limbe condupliqué ;

Enroulement ou déroulement d'un limbe convoluté ;

Torsion d'un limbe pour tourner vers le sol sa face stomatifère ; mouvement déjà mentionné page 315, et qui dépend uniquement du mode de répartition des stomates (4).

(1) *Fund. agrost.*, in *Amœn. acad.*, VII, p. 175 ; cf. supra, p. 296.

(2) Doell, *Flora Bad.*, I, à chaque diagnose générique de Graminées. — Clauson, in *Bull. Soc. bot. Fr.*, t. VI, p. 199, 202, 482.

(3) Je n'en connais qu'une mention due à M. Brongniart : *Note sur le sommeil des feuilles dans une plante de la famille des Graminées* (*Bull. Soc. bot.*, VII, p. 470, 1860.

(4) A ces mouvements, *qui ont lieu sur le vivant*, il ne faut assimiler ni la torsion

Étudiant, en 1858, les panicules incluses du *Leersia oryzoides*, je fus très-surpris de voir s'enrouler presque instantanément les côtés d'un limbe, dont je froissais la base en la rabattant le long du chaume. Le mouvement de convolution commençait à la pointe, et en quelques minutes s'étendait jusque près de la base du limbe froissé. Je répétai la même opération sur d'autres feuilles de la même espèce; l'effet fut le même, et se produisit constamment sur tout limbe coupé ou froissé d'une manière quelconque, et aussi, mais lentement, sur tous les limbes *très-frais* d'un chaume détaché de la souche. Je consignai cette observation dans les *Annotations à la flore de France* de Billot, page 161 ; et, détourné par d'autres études, je ne pensai plus à rechercher si d'autres Graminées étaient aussi irritables. Mais, il y a quelques années, j'avais rapporté du Pic Saint-Loup des pieds de *Sesleria cærulea*, dans l'intention d'opérer des sections sur leurs feuilles remarquablement belles, larges et étalées. Le lendemain, je trouvai toutes mes feuilles pliées en deux, les côtés du limbe absolument appliqués l'un contre l'autre. Je fis des coupes transversales sur cet état, et, les examinant à sec par précipitation et heureux oubli, je vis à la face supérieure, de chaque côté de la nervure médiane, une bande bulliforme, dont les cellules, peu distinctes, me paraissaient étroites et plissées sur leur paroi externe (pl. 16, fig. 16, *f*). Mais au moment où une goutte d'eau fut placée sur le porte-objet, instantanément, et avec la rapidité d'un ressort, la section du limbe s'étala en ligne droite (1), et les cellules bulliformes se montrèrent grandes et à parois distendues (pl. 16, fig. 16, *g*). C'était sur elles et par elles que me parut s'être accompli le mouvement, les autres tissus du limbe étant restés comme auparavant. Je mis dans l'eau quelques pieds de *Sesleria*, en n'y faisant plonger que les racines et la souche, et, au bout de six

en spirale des limbes de l'*Avena bromoides*, ni la circination des gaînes du *Gynerium argenteum*, etc., simples effets de dessiccation, dont nous parlerons au sujet du tissu fibreux (page 346 et suiv.).

(1) Avec une goutte d'alcool, il ne se manifeste aucun mouvement ; avec de l'alcool très-étendu, un très-léger écart se produit.

heures, les côtés de chaque limbe jeune et bien frais s'étaient écartés jusqu'à se mettre à angle droit (1).

A partir de ce moment et pendant plusieurs mois, toutes mes recherches ont eu pour objet le rapport des mouvements du limbe avec les bandes bulliformes. Sur certaines feuilles mentionnées plus haut (p. 319, 2e liste du 5e groupe), j'ai eu beau expérimenter de toute façon, je n'ai jamais abouti qu'à entrevoir ou plutôt à soupçonner des écartements insignifiants ou douteux. Les limbes pliés et jonciformes (*Lygeum Spartum*, pl. 17, fig. 7 ; *Stipa tenacissima*, pl. 17, fig. 8 ; *Nardus stricta*, pl. 17, fig. 6) demeuraient à peu près tels ; les limbes laminaires (*Gynerium argenteum ; Andropogon argenteum*, etc.) restaient plats en se fanant, ou ne s'enroulaient un peu qu'après une extrême dessiccation, comme le font les écorces.

De très-beaux exemples de motilité sur des feuilles à vernation condupliquée sont fournis par les *Sesleria cœrulea*, pl. 16, fig. 6 ; *Avena bromoides*, pl. 17, fig. 2 ; *Glyceria aquatica*, pl. 18, fig. 3, etc. Vers la base du limbe de cette dernière espèce, les cellules bulliformes sont moins prononcées ; le limbe y est aussi moins étalé, et y reste presque immobile quand, par une cause quelconque, il s'étale ou se ferme sur le reste de son étendue. En s'approchant du milieu, les cellules des deux bandes bulliformes deviennent assez grandes pour occuper la moitié de l'épaisseur du limbe ; au delà, vers la pointe, elles sont si développées, qu'elles occupent les deux tiers de l'épaisseur totale. Mais aussi, sur cette région, les mouvements des limbes jeunes et bien frais sont si considérables, que leurs moitiés latérales, étalées presque en un plan par une matinée fraîche et humide, se relèvent par la chaleur et le hâle jusqu'à former un angle de 45 degrés. Il en est exactement de même sur les feuilles de l'*Andropogon squarrosum*, une des espèces les plus intéressantes à cet égard (2). Toujours pliées

(1) Les limbes jeunes des *Avena bromoides*, *A. pubescens*, *Poa annua*, etc., sont tout aussi bons pour répéter ces expériences, et je ne cite ceux du *Sesleria* que par fidélité historique. Parmi les limbes à vernation convolutive, je citerai : *Calamagrostis Epigeios ; Brachypodium ramosum*, etc.

(2) La Graminée dont j'entends parler est cultivée depuis longues années au Jardin des plantes de Montpellier sous le nom d'*Andropogon squarrosum ;* elle a les

au tiers inférieur où elles n'ont point de cellules bulliformes, ces feuilles étalent ou plient leur limbe aux deux autres tiers avec toute variation un peu considérable de chaleur sèche et d'humidité. Elles ont au-dessus de la nervure médiane une forte bande bulliforme, qui permet l'écartement ou le relèvement des côtés ; mais comme elles ont aussi vers la marge trois ou quatre petites bandes bulliformes, le mouvement général se complique d'un mouvement marginal, qui relève en dedans ou rabat en dehors les bords du limbe ; ce qui montre nettement le rapport entre la motilité et la présence des cellules bulliformes. Tous ces mouvements n'ont lieu que sur des limbes jeunes, bien frais et bien sains ; aussitôt que le vent les a froissés ou meurtris, ce qui arrive facilement par suite de leur longueur, tout phénomène de mouvement disparaît.

Sur le *Poa bulbosa*, les feuilles radicales, qui paraissent en automne et persistent pendant l'hiver, ne s'ouvrent presque pas, et les cellules des lignes de plicature sont à peine plus prononcées que les autres ; mais les feuilles culmaires qui s'étalent et se replient ont des cellules bulliformes très-prononcées. Sur ses lignes de plicature, le *Poa trivialis* a des cellules à peine distinctes du reste de l'épiderme ; aussi ses limbes restent-ils toujours plans, même en se flétrissant. Le *Chamagrostis minima*, les *Aira* annuels, etc., n'ont point de cellules bulliformes, et leurs limbes sont absolument dénués de motilité.

Parmi les limbes à vernation convolutive, ceux qui sont larges, très-minces, avec nervures peu saillantes, sont exposés à être bientôt froissés et meurtris par les vents, altérés par les gelées blanches et les coups de soleil qui y succèdent, et ne sont dès lors capables de mouvement que pendant très-peu de jours. Au nombre des limbes les plus motiles, et qui le restent le plus longtemps, il faut mentionner ceux des *Brachypodium ramosum*

racines odorantes du Vétiver, mais elle ne fleurit point, ce qui ne permet pas d'affirmer que le nom de son étiquette, ici répété, soit bien le sien. Elle est plantée sur une plate-bande sèche ; or, la structure de ses feuilles et de ses racines est celle d'une plante aquatique, ou au moins des lieux très-humides : serait-ce cette position qui l'empêche de fleurir ? J'ai donné la figure de la section du limbe de cette espèce (Agropyrum *de l'Hérault*, p. XVII, fig. 9).

et *B. phœnicoides* (pl. 19, fig. 14). J'en ai chaque année observé les mouvements depuis le mois de mai jusqu'en septembre, en Crau d'Arles et à Montpellier, et tous les jours de chaleur et de sécheresse je les ai vus s'enrouler vers midi et se dérouler avec la fraîcheur humide de la nuit. Ajoutons que, sur *toutes* les espèces indigènes de ce genre, le limbe à l'état frais est toujours *plan;* mais il s'enroule immédiatement sur la plante arrachée (1).

Sur certains limbes très-motiles (*Sporobolus arenarius*, pl. 18, fig. 6, et *Æluropus littoralis*, pl. 19, fig. 10, etc.), les cellules bulliformes sont peu nombreuses, et plutôt faibles que prononcées; mais au-dessous d'elles se trouve du tissu incolore, contractile comme elles, et qui en corrobore l'action. L'*Andropogon provinciale* possède aussi ce tissu supplémentaire, mais sous des bandes bulliformes à cellules grandes et nombreuses. Il en résulte qu'en plein état de fraîcheur, la face supérieure, se distendant extrêmement, force les côtés du limbe à s'enrouler en dessous, et que, lorsqu'elle se contracte, elle ramène ces côtés dans un plan. Le développement extrême des cellules bulliformes seules amène le même résultat sur l'*Andropogon annulatum*.

Les feuilles du *Leersia oryzoides* sont des plus instructives. J'ai dit plus haut (page 320), qu'indépendamment des bandes bulliformes de la face supérieure, leur limbe en a une de chaque côté de la carène à la face inférieure (pl. 19, fig. 1), et aussi (page 325) que leur limbe froissé vers sa base s'enroule rapidement. Cet enroulement se propage en descendant, mais il n'est jamais complet vers la base du limbe, et il n'en affecte que les bords. La région longitudinale contiguë à la nervure médiane reste plane; or, c'est précisément sur cette région que les feuilles de cette Graminée ont des bandes bulliformes à la face inférieure,

(1) A cette occasion, je ferai remarquer que trop souvent des descriptions faites sur le sec, et non sur la plante vivante, contiennent l'expression banale : « foliis involutis, » feuilles enroulées », pour désigner des limbes très-différents de structure, aussi bien ceux qui, parfaitement étalés et plans à l'état de fraîcheur, s'enroulent seulement par la dessiccation (*Brachypodium*, *Agropyrum*, etc.), que ceux qui, par suite de leur structure, sont toujours pliés et jonciformes (*Aira media*, *Lygeum*, *Stipa tenacissima*), et ne pourraient s'enrouler, avec la meilleure volonté du monde.

lesquelles font résistance à la contraction de celles de la face supérieure. Ces bandes bulliformes inférieures cessent avant d'atteindre la moitié du limbe, tandis que celles de la face supérieure subsistent très-fortes sur toute sa longueur.

Le *Melica altissima* a sur chaque face des bandes bulliformes exactement opposées, et la contraction ou la dilatation des unes neutralisant la contraction ou la dilatation des autres, les limbes restent toujours plans; même quand ils sont séparés du chaume, ils se fanent sans se plisser, sans se rouler, et en conservant seulement la demi-torsion mentionnée page 315.

Le *Panicum plicatum* a des cellules bulliformes dans l'angle de chacune de ses plicatures, c'est-à-dire alternativement à la face supérieure et à la face inférieure (pl. 17, fig. 12 et 13). Des mouvements de plissement longitudinal plus ou moins prononcé sont faciles à constater sur les limbes de cette belle Graminée, quand elle croît en pleine terre, comme au Jardin des plantes de Montpellier. Pendant les jours d'été chauds et secs, les plis des jeunes feuilles se rapprochent jusqu'à cinq heures du soir, et avec la fraîcheur du matin on les trouve plus ouverts. Mais tout mouvement cesse, si le desséchant mistral vient à froisser les feuilles, et l'on ne peut le revoir que sur des feuilles nouvelles.

Plusieurs espèces, soit vivaces (*Phleum*, *Alopecurus*, etc.), soit annuelles (*Aira*, *Scleropoa*, *Psilurus*, *Briza*, etc.), dont les feuilles, peu résistantes, sont bientôt fanées, n'ont que des cellules bulliformes peu prononcées, et je n'ai pu constater sur leurs limbes aucun mouvement bien déterminé.

Dans les exemples que nous venons de citer, comme dans tous les mouvements de même nature que j'ai pu observer, les cellules bulliformes paraissent perdre leur turgescence à la suite d'une évaporation diurne excessive, et, par leur contraction, entraîner le mouvement du limbe, avec d'autant plus de facilité, que la même cause a diminué la résistance des autres cellules. Mais en pliant le limbe ou en l'enroulant, elles diminuent d'autant les surfaces d'évaporation, et comme à cette diminution de transpiration se joint l'humidité nocturne, et que l'activité d'absorption des racines demeure constante, les cellules bulliformes reprennent leur état de distension, et le limbe s'étale de nouveau (1).

Le mouvement s'opère donc sur les bandes bulliformes comme sur des ressorts-charnières ; et si l'on se rappelle le mouvement de demi-torsion résultant de la distribution des stomates à la face supérieure seule, on verra que la loi de ces divers mouvements se trouve dans le mode de répartition des stomates pour l'un, et des cellules bulliformes pour l'autre, et que ces modes constatés sur la section d'un limbe permettent de conclure les mouvements que le besoin de la fonction peut imposer.

2° Faisceaux fibro-vasculaires.

On a bien souvent décrit et figuré les faisceaux fibro-vasculaires des grandes tiges monocotylédones des *Dracæna*, des Palmiers, ces *princes* des végétaux (2) ; mais ceux des feuilles des *plébéiennes* Graminées (3) sont loin d'avoir obtenu le même honneur. C'est pourquoi je crois devoir en décrire brièvement la composition, afin de ne laisser aucun doute sur le sens des mots que j'aurai à employer.

Dans l'examen des faisceaux des feuilles de Graminées, un caractère frappe tout d'abord par son invariable constance, savoir : la rigoureuse symétrie avec laquelle les éléments en sont

(1) Cette distension est-elle due à la pression du liquide remplissant entièrement et gonflant les cellules, ou à ce que les parois, pénétrées elles-mêmes par le liquide, reprennent une fermeté et une élasticité qu'elles perdent par l'évaporation ? Je ne puis le dire. Je ferai remarquer seulement que, attendu la longueur ordinaire des cellules bulliformes, toute coupe transversale un peu mince les ouvre au moins par une de leurs extrémités ; que de pareilles coupes imbibées s'étalent aussi vite que des coupes plus épaisses, et qu'il est, en ce cas, impossible de supposer que la distension ait lieu par la pression du liquide accumulé dans la cellule, puisqu'elle est ouverte. Entre l'épaisseur des parois crispées d'une cellule bulliforme observée à sec et celle des mêmes parois imbibées et distendues, j'ai cru voir une légère différence, mais je n'ai pu l'apprécier assez exactement pour oser l'affirmer.

(2) H. von Mohl, *De Palm. structura*, 1831 ; Adr. de Jussieu, *Cours élém. bot.*, § 76, fig. 99 ; Richard, *Cours bot.*, 10e édit., p. 69, fig. 41 ; Duchartre, *Elém. bot.*, p. 181, 182 ; Le Maout et Decaisne, *Traité de bot.*, p. 100, etc.

(3) « Palmæ : *Principes*, eminentes celsitudine eximia, opulentes gazis fructuum opimis. — Gramina : *Plebeii*, campestres, constituentes vim roburque regni, quoque magis multati et calcati, magis multiplicativi. » (Linné, *Syst. nat.*, edit. 12a; præf., p. 3.)

ordonnés, soit par rapport au faisceau, soit par rapport à l'ensemble de la feuille. Une section transversale de l'un des plus forts (pl. 16, fig. 15) nous le montre composé :

De deux (rarement quatre) gros vaisseaux ponctués ou rayés, *a*,*a*, placés latéralement l'un vis-à-vis de l'autre, parallèlement à la face inférieure du limbe (1).

D'un groupe de très-petits vaisseaux réticulés et ponctués-aréolés, séparant les précédents, *b* ; très-nombreux sur certaines espèces (plus de cinquante sur le *Festuca arundinacea*), ou réduit sur d'autres (*Leersia oryzoides; Panicum Crus-galli*, etc.) à deux ou trois.

Au-dessus de ce groupe, je veux dire vers la face supérieure et sur la ligne médiane, d'un ou de plusieurs vaisseaux annelés *c*, situés dans une lacune aérifère *d*, due à l'écartement et au déchirement du tissu ambiant plus ou moins scléreux.

A l'opposé et toujours sur la ligne médiane, d'un groupe de tissu à parois transversales grillagées *e* (vaisseaux propres de H. von Mohl).

Et chaque faisceau est ainsi rigoureusement orienté, de manière que le même pôle est toujours tourné vers la même face de la feuille, le pôle annulifère vers la supérieure, le pôle à tissu grillagé vers l'inférieure. Chaque pôle reçoit le nom de la face dont il est le plus rapproché (2).

Le cordon ainsi constitué, ovale ou cylindrique, est circonscrit et limité par une assise de cellules *f*, que leur forme, leur couleur et le mode d'épaississement de leurs parois distinguent de tous les autres tissus. Sur une coupe transversale, la forme du contour de ces cellules est en général celle d'un demi-cercle, dont l'arc est vers l'intérieur du faisceau et le diamètre vers l'extérieur; leurs parois, d'un jaune clair, ne s'épaississent qu'aux

(1) Comme ces vaisseaux s'articulent en sifflet, une section transversale, opérée sur l'articulation, coupe souvent en même temps les deux extrémités articulaires ; ce qui simule la présence, sur un côté, de deux vaisseaux inégaux et d'un seul sur l'autre.

(2) Quelquefois aussi on les appelle pôle interne et pôle externe, dénomination qui est la seule à employer pour les faisceaux des chaumes, lesquels sont également orientés.

faces interne et latérales, ce qui leur donne plus ou moins la forme d'un fer à cheval. Ces caractères sont exactement ceux des cellules de l'*assise-limite* du cylindre vasculaire dans les racines des Monocotylédones (*assise protectrice*, *membrane protectrice* de M. Van Tieghem ; *Kernscheide* des Allemands : voyez *Étude histot. des* Cyperus *de France*, p. 351, note). Et, de même que l'assise-limite des racines sépare nettement le cylindre vasculaire interne de la zone corticale, ainsi cette assise sépare le faisceau de tout le tissu ambiant. Par suite de cette identité de forme, de position et de fonction, je conserverai à cette assise le nom d'*assise-limite*. Ajoutons que, sur beaucoup d'espèces, les faisceaux ont entre chacun de leurs pôles et l'épiderme, ou au moins contre le pôle inférieur, un groupe fibreux si intimement uni à eux, qu'il semble en faire partie intégrante (pl. 16, fig. 15, *g*).

Ainsi, sur chaque côté, un gros vaisseau rayé (pl. 16, fig. 15, *a*); sur la ligne médiane, vers le pôle supérieur, vaisseaux annelés *c* dans la lacune *d*; groupe de petits vaisseaux *b* entre les latéraux *a*, et inférieurement groupe de tissu grillagé *e*; assise-limite prosenchymateuse *f* enveloppant le tout : tels sont les éléments de tout faisceau complet. Mais il s'en faut beaucoup qu'ils se présentent tous sur tous les faisceaux et sur toutes les espèces.

D'abord l'assise-limite ne se montre pas sur toutes les espèces aussi complète et aussi régulière que nous venons de la décrire; et là où elle est complète, elle offre encore deux modifications : ou bien elle est seule à limiter le faisceau, et contre elle se trouve soit du parenchyme à chlorophylle (*Spartina stricta*, pl. 18, fig. 5; *Andropogon; Polypogon; Æluropus; Diplachne; Tripsacum*, etc.), soit du prosenchyme (*Stipa tenacissima*, pl. 17, fig. 8); ou bien elle est immédiatement entourée elle-même d'une assise complète et régulière de parenchyme incolore (*Lygeum Spartum*, pl. 17, fig. 7; *Agrostis*, quelques *Festuca* et le plus grand nombre des Graminées). Chez quelques espèces, cette seconde assise incolore n'existe que sur la moitié supérieure du pourtour (*Poa bulbosa*, *P. compressa*, *P. annua; Eragrostis major*,

E. minor, *E. pilosa*; *Melica Magnolii*, *M. Bauhini*, *M. altissima*; *Dactylis*; *Enodium*; *Bromus erectus*; *Brachypodium*, etc.). Chez d'autres, la forme des cellules de l'assise-limite n'est bien tranchée que sur la moitié inférieure du pourtour (*Sporobolus*, etc.). Chez quelques-unes, les parois des cellules de cette assise s'épaississent à peine, et le faisceau est circonscrit par une assise de grandes cellules incolores (*Tragus racemosus*, pl. 19, fig. 7; *Phleum pratense*; *Arundo Donax*, *A. Phragmites*, etc.). Enfin chez plusieurs autres, bien que les faisceaux vasculaires aient à leur pourtour des cellules prosenchymateuses, ce pourtour n'a pas une limite rigoureusement déterminée; ses cellules ont leurs parois toutes également épaisses, et, à mesure qu'elles s'éloignent du faisceau, elles perdent de cette épaisseur, augmentent en diamètre, et deviennent semblables au reste du parenchyme (*Mays*; *Coix*; *Panicum*; *Gymnothrix*; *Cynodon*; *Chloris*; *Eleusine*; *Erianthus*; *Saccharum*; *Imperata*; *Sorghum*, etc.).

Sur un grand nombre d'espèces (*Erianthus*; *Saccharum*; *Sorghum*; *Stipa juncea*; *Avena sempervirens*, etc.), il se détache transversalement de l'assise prosenchymateuse du pourtour un plan de tissu de même nature, lequel, passant entre les gros vaisseaux et le groupe grillagé, achève de circonscrire ce dernier dans une gaîne toute spéciale (pl. 16, fig. 15, *f'*).

Les faisceaux d'un même limbe ne sont pas tous également développés. Les plus forts, les *primaires*, ont tous les éléments sus-mentionnés au grand complet; d'autres, les *secondaires*, perdent les vaisseaux annelés de la lacune, en conservant les autres éléments, mais moins prononcés; d'autres enfin, les *tertiaires*, perdent encore les gros vaisseaux latéraux symétriques et finissent par se réduire à un faible cordon de petits vaisseaux ponctués et de tissu uni à parois transverses grillagées, ou seulement à ce dernier tissu. On voit ainsi que, en énumérant ci-dessus et en décrivant les éléments des faisceaux, nous l'avons fait dans l'ordre de leur apparence, et non dans celui de leur importance, car les moins saillants et les derniers décrits, le tissu grillagé et l'assise-limite, sont les seuls à persister, après la disparition successive des autres.

Ces divers ordres de faisceaux ne se trouvent pas non plus tous réunis sur chaque espèce, et l'on peut constater les modes de répartition suivants :

1° Tous s'y trouvent : à la nervure médiane, un primaire ; aux nervures latérales les plus saillantes, des primaires et des secondaires ; aux petites nervures intermédiaires, des tertiaires, toujours plus rapprochés que les autres de l'épiderme inférieur (*Mays*, *Coix*, *Oryza*, *Leersia*, *Phalaris*, *Sesleria*, la plupart des Panicées, des Andropogonées, des Stipacées, des Avénacées, des Festucacées, etc.). Dans les Panicées et les Andropogonées, les faisceaux tertiaires ont au-dessus d'eux des bandes de cellules bulliformes (1).

2° Il n'y en a que de primaires et de secondaires, presque égaux : *Cynodon; Spartina stricta* (pl. 18, fig. 5); *Elymus arenarius*, etc.

3° Un primaire à la carène et des tertiaires sur les côtés du limbe (*Tragus racemosus*, pl. 19, fig. 7 ; *Sporobolus arenarius*, pl. 18, fig. 6 ; *Aira media*, pl. 17, fig. 3 ; *Festuca glauca*, pl. 17, fig. 5 ; *F. heterophylla*, pl. 17, fig. 4 ; *Nardus stricta*, pl. 17, fig. 6).

4° Des faisceaux rudimentaires seulement : *Chamagrostis minima* (pl. 17, fig. 1).

En général, il n'y a dans chaque nervure qu'un seul faisceau ; quelques espèces (*Aira cespitosa; Festuca spadicea; Aira latifolia;* pl. 19, fig. 6 ; *Stipa tenacissima*, pl. 17, fig. 8) font exception. Les deux premières ont presque toujours, outre le faisceau normal, un très-petit faisceau (ou quelquefois deux) vers la base

(1) Le *Panicum plicatum*, si remarquable par la répartition de ses bandes bulliformes, ne l'est pas moins par celle de ses faisceaux primaires. Sur les autres limbes, ces faisceaux sont toujours également distants des bandes bulliformes de plicature placées entre eux ; mais, aux côtés du limbe plié de ce *Panicum* (pl. 17, fig. 12 et 13), les faisceaux primaires, au lieu d'occuper cette position symétrique, sont situés tout contre le côté intérieur de chaque angle inférieur de plicature, et il n'y en a point contre les angles supérieurs ; de façon que, d'un côté, ils n'ont entre eux et le sommet de l'angle inférieur que deux ou trois petits vaisseaux, et, que de l'autre côté, ils en ont plus de trente. C'est cette disposition qui fait paraître les nervures doubles dans la figure que M. d'Ettingshausen a donnée de cette plante par le procédé de « *Naturselbstdruck* » (*op. cit.*, tab. III, fig. 10).

de leurs plus fortes nervures ; la troisième en a trois (pl. 19, fig. 6) : un médian très-fort *a*, et deux latéraux plus faibles *b*, *b*, et la dernière en a jusqu'à quatre disposés au-dessous du faisceau normal, comme le montre la figure 8, pl. 17, et même un autre au-dessous de chaque sillon.

Les différences de développement entre les faisceaux d'un même limbe sont en général moins grandes chez les Graminées que chez les Cypéracées (voy. *Étude histot. des* Cyperus *de France*, p. 353, pl. XXI, fig. 1 à 12, et pl. XXII, fig. 1 à 11) ; mais, par contre, les différences de grosseur entre les nervures sont bien plus prononcées chez les Graminées que chez les Cypéracées, et dès lors elles ne sont pas dues seulement à l'inégalité de force des faisceaux, mais bien au développement des tissus fibreux et parenchymateux qui les accompagnent (pl. 17, fig. 10, 11 ; pl. 18, fig. 5 ; pl. 19, fig. 4, 6, 11, 13, 14). Le mode de répartition des nervures de divers ordres fournit d'excellents caractères de distinction que M. d'Ettingshausen a employés dans la détermination des Graminées fossiles, mais qu'il serait hors de propos d'exposer ici.

Les faisceaux sont répartis sur toute la largeur du limbe, en une seule ligne et non en deux ou trois, comme chez certains *Cyperus* (*Étude histot. des* Cyperus *de France*, p. 399, pl. XXII, fig. 1 à 12). Une sorte d'exception se montre sur les feuilles de l'*Oryza sativa*, lesquelles ont une côte médiane très-forte et parcourue, au tiers inférieur, par des canaux aérifères avec tissu étoilé et diaphragmes vasculifères (pl. 19, fig. 2 et 3). Or, il y a des faisceaux contre la face supérieure, comme à l'inférieure, et, si les sujets sont très-forts, quelques faisceaux existent aussi aux points de jonction des murs mitoyens des canaux aérifères. La côte médiane du *Leersia oryzoides* (pl. 19, fig. 1) possède aussi deux rangs de faisceaux. J'ai vainement cherché deux rangs de faisceaux sur les feuilles des Panicées et des Andropogonées qui ont cependant des côtes médianes extrêmement prononcées, et même chez l'*Andropogon lanigerum*, dont le limbe se réduit à une côte sans expansions latérales (pl. 18, fig. 11), il n'y a qu'un rang de faisceaux contre la face inférieure.

J'ai mentionné ci-dessus (page 306) les faisceaux transversaux qui relient entre eux les faisceaux longitudinaux et constituent un réseau dans le limbe. Ces faisceaux sont fort petits et se composent de un à trois vaisseaux rayés, enveloppés d'une assise de fibres lâches ou plutôt de cellules longues à parois minces. Dans les Graminées aquatiques, ces faisceaux reposent sur des diaphragmes que j'ai décrits et figurés (*Diaphr. vascul. des Monocot. aquat.*, p. 160 et suiv., pl. VIII, fig. 1, 2, etc.); mais, dans les limbes des espèces non aquatiques, ils passent tout au travers du parenchyme vert et spongieux du mésophylle (pl. 16, fig. 14, *d*; pl. 17, fig. 11; pl. 19, fig. 6). Les méats de ce tissu sont excessivement chargés d'air, et, par suite, les sections opérées paraissent noires et confuses, si elles ne sont pas très-minces, et même, si l'on veut voir bien nettement les faisceaux transversaux, on doit encore purger d'air les meilleures coupes par une ébullition de quelques secondes dans l'eau, ou par un séjour de quelques heures dans l'alcool étendu. Dans les limbes à canaux aérifères (*Glyceria aquatica*, pl. 18, fig. 3), ces faisceaux se détachent à angle droit des faisceaux longitudinaux pour courir sur les diaphragmes qui les supportent. Dans les autres limbes, leur direction est toujours plus ou moins oblique, et même, chez les espèces qui, comme les *Festuca arundinacea* (pl. 19, fig. 4), *Psamma arenaria; Glyceria festucæformis* (pl. 17, fig. 9), ont à la face supérieure du limbe de grosses nervures et de profonds sillons, ils s'infléchissent pour passer entre le fond des sillons et l'épiderme inférieur (pl. 19, fig. 6, *a*, *a*). Dès lors les coupes transversales ne les présentent qu'en fragments, et, pour les avoir entiers, il faut faire des coupes longitudinales dans le plan d'un limbe, ou les obtenir isolés par macération prolongée. Je les ai toujours vus simples sur les côtés des limbes, attendu qu'il n'y a qu'un rang de faisceaux longitudinaux; mais sur la côte médiane de l'*Oryza sativa*, où il y a de très-élégants diaphragmes, et jusqu'à trois rangs de faisceaux longitudinaux, ils se bifurquent pour se rendre à plusieurs faisceaux (pl. 19, fig. 2, *a*), ainsi qu'ils le font sur les diaphragmes des *Juncus* (*Bull. Soc. bot. Fr.*, t. XVIII, pl. II, fig. 1-4), et sur ceux des *Scirpus* (*Diaphr. vascul. des Monocotyl. aquat.*, p. 160, pl. VIII, fig. 2).

Ces faisceaux transversaux, si grêles, relient entre eux des faisceaux longitudinaux de tout ordre. Or, s'ils s'étendent entre deux faisceaux tertiaires réduits au tissu grillagé, il est évident qu'ils ne peuvent s'anastomoser qu'avec ce tissu ; mais il en est de même s'ils aboutissent à un faisceau primaire, et ils s'infléchissent un peu, comme je l'avais constaté sur les *Juncus* (*Bull. Soc. bot. Fr.*, t. XVIII, p. 233, pl. II, fig. 4), pour aller au-dessous du gros vaisseau latéral s'anastomoser avec le groupe de tissu grillagé (pl. 17, fig. 11, *b*). Ce groupe paraît donc avoir dans les faisceaux une importance toute spéciale, en ce qu'il en est l'élément qui subsiste toujours et celui par lequel s'établit la communication des faisceaux entre eux. Hartig et H. v. Moh ont déjà attribué un rôle important à cet élément ; mais, si je ne me trompe, le rôle tout spécial que j'indique ici n'a pas encore été signalé.

3° Tissu fibreux hypodermique.

Ce tissu est constitué par des cellules très-longues, très-étroites, effilées à leurs extrémités, emboîtées entre elles très-étroitement et sans espaces intercellulaires, à parois incolores et très-épaissies avec l'âge, à cavité très-réduite, à canalicules peu nombreux. On l'a souvent appelé prosenchyme, et, chez les Monocotylédones, tissu libériforme.

Le plus ordinairement, il est réparti par groupes isolés, lesquels, à l'exception des deux marginaux, sont situés au-dessus et surtout au-dessous des faisceaux fibro-vasculaires, soit en contact avec eux, soit séparés d'eux par une ou plusieurs assises de parenchyme (pl. 16, fig. 14, *c*, et 15, *g*). Leur répartition paraît donc se rattacher à celle des faisceaux, dont ils seraient comme une dépendance (1). Ainsi, sur les côtés du limbe du *Zea Mays*, du *Coix Lacryma*, de l'*Andropogon provinciale*, ces

(1) Pour éviter toute confusion, j'appelle *groupes fibreux* ces cordons composés de fibres toutes semblables et simplement juxtaposées, et je réserve le nom de *faisceaux fibro-vasculaires* (ou celui plus court de *faisceaux*) pour les cordons où des vaisseaux

groupes, contigus à chaque pôle des faisceaux, y sont si étroitement unis qu'ils semblent en faire partie intégrante. A la côte médiane des mêmes plantes, le pôle inférieur des faisceaux est le seul à posséder un groupe fibreux *contigu*, et les groupes fibreux qui courent sous l'épiderme supérieur sont séparés de tout faisceau par plusieurs assises de parenchyme incolore ; mais on voit très-bien que, par leur position au-dessus des gros faisceaux, ils se rattachent à eux et sont une dépendance du système vasculaire.

Le même rapport s'est présenté à moi sur tous les limbes que j'ai examinés, et, si sur plusieurs il y a des faisceaux tertiaires sans groupes fibreux ou n'en ayant que vers la face inférieure, sur aucun il n'y a de groupe fibreux là où il n'y a pas de faisceau auquel il soit subordonné. Les deux groupes marginaux ne font exception qu'en apparence : on voit, en effet, que contre chacun d'eux existe un petit faisceau marginal, et que leur relation avec ce faisceau est dissimulée tant par leur développement que par un léger déplacement que leur fait subir le relèvement de la marge. C'est ce qui devient très-évident sur l'*Andropogon dorsisetum*, où le faisceau marginal est accompagné de deux groupes fibreux si prononcés, qu'ils constituent des bourrelets qui, sur une coupe transversale, donnent à la marge la forme d'un T (pl. 18, fig. 8, *a*, *b*). A côté de cette disposition, je dois en mentionner une autre très-particulière que présente le *Chloris radiata*. A toute la région médiane, et même jusqu'au voisinage des marges, on voit, au-dessous de l'épiderme, du parenchyme incolore qui occupe au moins la moitié de l'épaisseur du limbe, et le tissu fibreux y est à peine représenté. Mais tout à coup, au-dessus et au-dessous du faisceau primaire le plus rapproché de la marge, ce tissu se développe en deux bandes très-larges et si épaisses, qu'elles doublent presque l'épaisseur du limbe. Ensuite, de là jusqu'à la marge, ce tissu cesse aussi bien que le parenchyme incolore (pl. 18, fig. 2, *a*, *b*).

et d'autres tissus constituent un système d'éléments divers, non plus seulement juxtaposés, mais ordonnés entre eux et en rapports déterminés. (Cf. *Etude histol. des Cyperus de France*, p. 354 et 355).

Sur une Graminée d'Abyssinie, *Aira latifolia* Hochst., chaque nervure a trois faisceaux fibro-vasculaires, un médian très-fort avec deux latéraux moins gros, et contre l'épiderme inférieur il y a trois groupes fibreux dont chacun, par sa position et sa grosseur, correspond à l'un des faisceaux (pl. 19, fig. 6). Sur les limbes du *Stipa tenacissima*, le tissu fibreux arrive à son développement extrême et envahit tout ce qui n'est pas occupé par le parenchyme vert ; mais aussi les faisceaux y sont eux-mêmes si multipliés et si dominants, qu'il y en a jusqu'à cinq dans une seule nervure, et même un au-dessous des sillons entre les nervures (voy. ci-dessus, p. 334, pl. 17, fig. 8). Les sections de quelques autres limbes, où ce tissu est encore très-développé (*Lygeum Spartum*, pl. 17, fig. 7 ; *Ampelodesmos tenax*, etc.), présentent parfois, entre les grosses nervures, de petits groupes fibreux ne paraissant correspondre à aucun faisceau ; mais, si l'on opère des sections plus près de la base même du limbe, on trouve au-dessus de chacun de ces petits groupes un faisceau rudimentaire qui ne s'étend pas aussi loin que le tissu fibreux dont le développement a prédominé.

L'*Oryza sativa* nous offre, à cet égard, une disposition importante et à signaler. Sur toute l'étendue des côtés du limbe, chaque faisceau, entouré de cellules incolores, est accompagné, en dessus comme en dessous, d'un groupe fibreux proportionné à l'ordre du faisceau ; mais nous avons vu (p. 335) qu'à la côte médiane, sur la moitié inférieure du limbe, il y a, comme sur certains *Cyperus* (*C. serotinus*, etc. ; *Étude histot. des* Cyperus *de France*, p. 389, pl. XXI, fig. 7, etc.), deux rangs de faisceaux séparés par du tissu incolore, avec canaux à diaphragmes, et chaque faisceau est relié à l'épiderme par un groupe fibreux. En avançant vers la pointe, les canaux s'oblitèrent, et avec eux les faisceaux de la face supérieure ; mais on voit subsister les groupes fibreux qui en dépendaient. Même disposition sur le *Leersia oryzoides*, plus prononcée encore, avec une assise continue de fibres à la face inférieure de la côte médiane (pl. 19, fig. 1).

Le *Panicum Crus-galli*, qui a aussi une côte médiane très-épaisse avec parenchyme incolore, canaux à tissu étoilé et diaphragmes, n'a qu'un seul rang de faisceaux à la face inférieure de cette côte; mais à la face supérieure un groupe fibreux est situé vis-à-vis de chaque faisceau primaire.

La position des groupes fibreux, étant donc subordonnée à celle des faisceaux, est, par cela même, déterminée dans son ensemble, et, à part les modifications de développement, il y a bien peu de diversité dans les combinaisons auxquelles cette position peut se prêter.

Voici les principales :

1° A peine une trace sous le faisceau médian :

Chamagrostis minima (pl. 17, fig. 1); Psilurus aristatus, etc.

2° Un groupe à la carène et à chaque marge; quelques traces vis-à-vis des autres faisceaux :

Avena bromoides (pl. 17, fig. 2), A. pubescens, A. planiculmis; Sesleria cærulea, S. argentea; Poa annua (pl. 18, fig. 4), P. bulbosa, P. compressa; Dactylis glomerata; Lolium rigidum, etc.

3° Groupes plus ou moins forts à la carène et aux marges (ou même assise continue à la face inférieure), point à la supérieure :

Festuca ovina, F. tenuifolia, F. rubra, F. heterophylla (pl. 17, fig. 4), F. Eskia, F. glauca (pl. 17, fig. 5), etc.

4° Groupes au-dessus et au-dessous des faisceaux primaires seulement :

Cenchrus tribuloides; Gymnothrix latifolia; Pennisetum asperifolium (pl. 18, fig. 7), P. longistylum, P. cenchroides; Panicum Crus-galli, P. capillare, P. miliaceum, P. dilatatum, P. plicatum (pl. 17, fig. 12 et 13), P. vaginatum, P. sanguinale; Setaria glauca, S. verticillata; Ctenium americanum (pl. 19, fig. 5); Cynodon Dactylon; Andropogon Ischæmum, A. annulatum, A. Gryllus, A. squarrosum, A. distachyon, A. Allionii, A. argenteum, A. connatum (pl. 18, fig. 9), A. Gayanum (pl. 18, fig. 10), A. lanigerum (pl. 18, fig. 11), A. foveolatum (pl. 18, fig. 12), A. prionodes (pl. 19, fig. 12); Erianthus Ravennæ; Saccharum officinarum; Imperata cylindrica, I. sacchariflora; Sorghum saccharatum, S. halepense; Tripsacum dactyloides, etc.

5° Groupes au-dessus et au-dessous de chaque faisceau, mais non à lui contigus :

Phalaris (esp. indigènes) ; Tragus racemosus (pl. 19, fig. 7) ; Lygeum Spartum (pl. 17, fig. 7) ; Chloris submutica, Chl. petræa (pl. 18, fig. 1), Chl. radiata (pl. 18, fig. 2) ; Eleusine Coracana, E. oligostachys ; Spartina versicolor, S. stricta (pl. 18, fig. 5), S. cynosuroides ; Gynerium argenteum (pl. 16, fig. 14) ; Pappophorum scabrum (pl. 19, fig. 11) ; Arundo Donax, A. Phragmites ; Psamma arenaria (couche continue à la face inférieure) ; Sporobolus arenarius (pl. 18, fig. 6) ; Stipa altaica (pl. 17, fig. 11), S. papposa ; Aristella bromoides ; Arthratherum pungens (pl. 17, fig. 10) ; Piptatherum paradoxum, P. multiflorum ; Agrostis alba, A. verticillata ; Polypogon monspeliense ; Aira cespitosa, A. latifolia (pl. 19, fig. 6), A. media (pl. 17, fig. 3) ; Holcus lanatus ; Avena sempervirens, Av. Hostii, Av. barbata, Av. sterilis ; Glyceria festucæformis (pl. 17, fig. 9), G. distans, G. aquatica (pl. 18, fig. 3), G. fluitans ; Eragrostis major, E. minor ; Melica Magnolii, M. altissima ; Æluropus littoralis (pl. 19, fig. 10) ; Diplachne serotina ; Festuca arundinacea (pl. 19, fig. 4) ; Elymus arenarius, E. giganteus ; Agropyrum (esp. indig.) ; Brachypodium (esp. indig., pl. 19, fig. 13 et 14) ; Nardus stricta (pl. 17, fig. 6), etc.

6° Groupes au-dessus et au-dessous de chaque faisceau, et à lui contigus :

Zea Mays ; Coix Lacryma ; Leersia oryzoides (pl. 19, fig. 1) ; Phleum pratense ; Calamagrostis Epigeios ; Ampelodesmos tenax ; Stipa pennata, S. juncea, S. capillata ; Arthratherum ciliatum ; Melica Bauhini, M. minuta ; Enodium cæruleum ; Festuca spadicea ; Bromus erectus, etc.

7° Groupes fibreux envahissant le mésophylle, sauf quelques cellules à chlorophylle sur les flancs des nervures :

Stipa tenacissima (pl. 17, fig. 8), etc.

Cette division n'est qu'une indication générale des combinaisons que présente le tissu fibreux ; elle n'a rien d'absolu, et les diverses dispositions se relient par tous les intermédiaires possibles. Ainsi, le n° 5 renferme plusieurs espèces où les groupes fibreux sont contigus au pôle inférieur des faisceaux. Ainsi encore les espèces où la disposition n° 6 est le plus prononcée (*Ampelodesmos tenax ; Stipa pennata*, et autres) se placeraient à peu près aussi bien avec le *Stipa tenacissima*, dont la disposition n'est que la leur exagérée. De même les *Chloris* se rapprochent du n° 2 par le peu de développement de leur tissu fibreux et par leur mode de verna tion.

Nous ferons remarquer que les espèces des trois premières combinaisons ont une vernation condupliquée, et que celles de la quatrième appartiennent toutes aux Panicées et aux Andropogonées. Nous verrons plus loin (page 350) que la plupart des espèces de ces deux tribus réunissent un ensemble de caractères histotaxiques qui leur est propre.

Sur le *Panicum plicatum*, espèce exceptionnelle à tant d'égards, le groupe placé au-dessous de chaque faisceau primaire saille en dehors et constitue une sorte de crête longitudinale portant de place en place de longues expansions piliformes. Sur l'*Andropogon provinciale* et sur le *Pappophorum scabrum* (pl. 19, fig. 11), ce tissu forme aussi de fortes saillies à la face inférieure.

Dans la série de dispositions qui précède, les deux points extrêmes sont occupés, l'un par le *Chamagrostis minima* (pl. 17, fig. 1), l'autre par le *Stipa tenacissima* (pl. 17, fig. 8). La première espèce est, de toutes les Graminées que j'ai pu observer, celle où le système vasculaire est le plus réduit ; le mésophylle y est composé presque uniquement de parenchyme vert, et les faisceaux, au minimum du possible (un de chaque côté), n'y sont que rudimentaires, même le médian ; aussi le tissu fibreux, qui en est une dépendance, n'y est-il pas développé. Au contraire, chez la seconde espèce, ce même tissu est prédominant ; continu contre la face inférieure, envahissant la supérieure, il pénètre jusqu'aux faisceaux dans les nervures, qu'il occupe en entier, sauf quelques plaques de parenchyme vert sur les flancs de chacune d'elles.

Si la répartition du tissu fibreux est subordonnée à celle du système vasculaire, la réduction et le développement de ce tissu paraissent ensuite dépendre de circonstances qui sont à signaler. Sur les espèces aquatiques (*Glyceria fluitans*, *G. aquatica*, etc.), ce tissu est très-réduit, et nous venons de voir que, sur le

Chamagrostis minima, Graminée hivernale (1), il est à peu près nul. Il est toujours faible sur les espèces annuelles (*Aira*, *Vulpia*, *Psilurus*, *Nardurus*, etc.), tandis qu'il constitue presque à lui seul tout le mésophylle des espèces *vivaces* croissant sur les coteaux desséchés et brûlants (*Stipa tenacissima*, etc.), et que les feuilles des Graminées du Sahara sont remarquables par le développement extrême qu'il y prend (*Arthratherum pungens*, pl. 17, fig. 10, *A*, *ciliatum*, etc.). L'*Andropogon annulatum*, qui croît dans le sud de l'Algérie, mais « in glareosis, ad ripas, in » fossis æstate exsiccatis » (Cosson, *Fl. d'Alg.*, p. 48), n'a pas plus de tissu fibreux que notre *A. Gryllus*, alors que son congénère, l'*A. lanigerum*, qui vient « in collibus apricis, in Plani- » tiebus excelsis Saharæ confinibus » (Cosson, *op. cit.*, p. 282), en a une couche continue à la face inférieure de son singulier limbe, presque réduit à la côte médiane (pl. 17, fig. 11).

Sur une même espèce, les expositions sèches et chaudes favorisent le développement de ce tissu : ainsi, les pieds de *Festuca glauca* et de *F. ovina*, qui croissent sur les points les plus secs des coteaux, ont des groupes fibreux plus forts et des fibres à parois plus épaisses que ceux des mêmes espèces croissant sur un point ombragé ou employés en bordures dans nos jardins du Midi ; et, dans un même jardin, les feuilles prises à une allée ombragée et arrosée ont, à leurs groupes fibreux, une ou deux assises de moins que celles prises à une allée très-sèche et très-exposée au soleil. Le *Stipa pennata* cultivé au jardin des plantes de Montpellier, dans un sol gras et sous de grands arbres, a des groupes fibreux presque de moitié moins gros que ceux qu'on voit aux feuilles des pieds croissant sur les coteaux arides où a été prise la plante cultivée. La disposition demeure absolument la même, et la différence ne porte que sur le nombre des fibres et sur l'épaississement de leurs parois (2).

(1) A Montpellier, cette espèce commence à fleurir dès la mi-novembre.

(2) Il suit de là que, dans la comparaison histotaxique de deux espèces, il faut attacher beaucoup plus d'importance à la disposition générale des groupes fibreux hypodermiques et des autres tissus qu'au nombre des assises qui les composent. Soit pour exemple le *Stipa capillata* : en Crau d'Arles et à Montpellier, cette plante produit des feuilles et des fleurs deux fois par an, en juin et après les pluies d'au-

De très-concluants exemples du même fait nous sont encore fournis par le *Melica minuta* (*M. minuta* L.; Gr. et G. *Fl. Fr.*, t. III, p. 553; Cosson, *Fl. d'Alg.*, p. 135, v^as, etc.). A Saint-Chamas, près du pont Flavien, existe, dans le calcaire compacte, une fissure large de 3 à 4 mètres, courant de l'est à l'ouest, et dans laquelle cette Graminée croît en abondance, aussi bien sur le flanc qui, regardant le nord, est frais et abrité contre le soleil du midi, que sur le flanc opposé, où la sécheresse et la chaleur sont extrêmes. Or, les pieds de la première exposition ont à leurs feuilles *basilaires* un tissu fibreux moitié moins développé que celui de l'exposition opposée, où, avec des parois si épaissies que la cavité reste à peine visible, il envahit toute la face inférieure, presque même toute la supérieure, en refoulant le parenchyme vert. Des pieds recueillis à Montmajour, près d'Arles, sur des rochers aussi brûlants, m'ont offert le même développement. Mais ces feuilles *basilaires* durent depuis l'automne jusqu'en juillet suivant; et, dans toutes les expositions, fraîches ou brûlantes, les feuilles *culmaires*, qui ne durent que quelques semaines, ont des groupes fibreux très-peu développés et à parois relativement très-minces. Les mêmes différences dans le développement du système fibreux se constatent entre les feuilles basilaires et les feuilles culmaires du *Festuca Eskia* et de beaucoup d'autres espèces.

Les différentes répartitions et les divers degrés de développement des groupes fibreux sont avec le besoin de la fonction dans un rapport constant et tout d'abord évident. Les fibres, indépendamment du soutien qu'elles prêtent à tous les autres tissus

tomne. Or, si l'on coupe les feuilles en juin, on voit, contre la face inférieure, outre les groupes, une couche continue de deux à quatre assises de fibres; si, en octobre ou novembre, on coupe, en les prenant au même pied, les jeunes feuilles qui viennent de pousser, on n'y trouve plus qu'une assise, souvent même interrompue. D'autres espèces vivaces, qui croissent dans toute la France, ont leurs feuilles basilaires brûlées par les gelées du Nord, tandis qu'elles les conservent dans le Midi (*Poa bulbosa; Dactylis glomerata; Festuca rubra*, etc.) : or, si au printemps on compare entre elles les nouvelles feuilles, on les trouve absolument identiques; mais, si on les compare avec celles qui ont passé l'hiver, on trouve que ces dernières ont des groupes fibreux beaucoup plus prononcés.

de la feuille, sont éminemment propres à y conduire l'eau de végétation ; c'est un point sur lequel on est d'accord. Qu'elles soient « le lit exclusif du courant provoqué par la transpiration », comme le veut M. J. Sachs (*Traité bot.*, trad., p. 783), ou que ce soit par les vaisseaux seuls que s'opère le courant ascensionnel et par les groupes fibreux seuls le retour aux racines, comme M. Van Tieghem dit l'avoir constaté (même trad , p. 199 et p. 783, note, et aussi *Mémoire sur la racine*, in *Ann. sc. nat.*, 5e série, t. XIII), peu importe à la question présente, puisque vaisseaux et groupes fibreux sont toujours en rigoureuse corrélation de répartition et de développement. Or, les limbes des Graminées vivaces propres aux expositions arides et brûlantes (*Stipa tenacissima*, *Festuca glauca*, etc.), et végétant dans les conditions de chaleur et de sécheresse où la transpiration est le plus active, sont ceux qui, privés de canaux à air, ont le plus grand nombre de faisceaux vasculaires et de groupes fibreux ; ce dernier tissu forme même à la face inférieure du limbe un revêtement continu de plusieurs assises, et, avec son épiderme à petites cellules fortement cuticularisées, il constitue une véritable cuirasse contre l'évaporation. D'autre part, les limbes des Graminées aquatiques, qui n'ont pas à craindre des excès d'évaporation, sont ceux où se multiplient les canaux aérifères et où vaisseaux et groupes fibreux sont le plus réduits. La même corrélation se constate dans les racines. Celles des Graminées aquatiques ont, dans leur zone corticale, de grands canaux aérifères, mais les appareils d'absorption et de conduite y sont réduits au minimum, à un seul vaisseau central, sans fibres, ou avec fibres rudimentaires, et le parenchyme y conserve toujours des parois minces ; celles des espèces propres aux lieux secs et arides doivent pouvoir, par une absorption plus active, compenser les pertes que le végétal éprouve : aussi elles n'ont plus de canaux à air, mais elles sont abondamment pourvues de vaisseaux, de fibres et de tissu prosenchymateux à parois épaissies et lignifiées (1).

(1) J'ai constaté la même corrélation entre les stations sèches et le développement des fibres dans les feuilles et dans les rhizomes des *Cyperus* (*Etude histot. des* Cyperus *de France*, p. 383 et 385).

Malgré la puissance de tous les appareils d'absorption, de conduite et de protection des liquides dans toutes les parties des Graminées des stations arides et brûlantes, malgré l'augmentation que la chaleur détermine toujours dans l'absorption de l'eau par les racines, des racines enfoncées entre des rochers ou dans un sol desséché ne peuvent fournir aux feuilles qu'une faible quantité d'eau que des limbes à grandes surfaces, à nombreux stomates, laisseraient bientôt évaporer. Mais les limbes de ces espèces, déjà protégés par un revêtement fibreux, sont toujours filiformes, et, étroitement pliés en deux sur leur face supérieure, ils n'ont qu'une ou deux lignes de stomates vers le bas de leurs profonds sillons, et sont ainsi réduits au minimum des conditions d'évaporation. Aussi ces sortes de limbes sont très-persistants, durent quelquefois deux ou trois ans, ne se dessèchent qu'à la longue, et encore sans se faner et se flétrir, comme font ceux des espèces des bois, des prés et de nos cultures, qui, laminaires, minces et peu fibreux, offrent de grandes surfaces à l'évaporation et durent à peine une saison.

Il nous faut maintenant revenir à certains faits mentionnés p. 316 et p. 324, note 3, et qui nous paraissent dépendre du mode de distribution du tissu fibreux. L'*Avena bromoides*, ainsi que l'*A. sulcata* J. Gay, présente constamment quelques-unes de ses feuilles basilaires ayant subi une torsion, non plus d'un demi-tour vers la base du limbe, comme celle des feuilles privées de stomates à la face inférieure, mais une torsion de plusieurs tours en spirale sur toute son étendue, et particulièrement sur sa moitié terminale. L'examen de ces limbes permet de constater, d'une part, qu'ils possèdent des stomates à leurs deux faces; d'autre part, que, tant qu'ils sont en état de développement et de fraîcheur, ils demeurent parfaitement plans et droits; que la torsion en spirale ne se montre que sur des limbes déjà secs ou en voie de le devenir, et qu'elle commence par l'extrémité terminale, la première à se dessécher. L'étude histotaxique fait ensuite reconnaître à quoi tient cette particularité. En effet, d'une part, les limbes de ces espèces (pl. 17, fig. 2) ont une bande bulliforme de chaque côté de la nervure médiane, ce qui fait qu'en commençant à se faner, ils se plient en deux sur toute leur longueur. D'autre part, les marges et la carène sont occupées par des groupes de tissu fibreux relativement considérables *c*, *c*, visibles même à l'œil nu sous la forme de cordons blancs (voy. *Bull. Soc. bot. Fr.*, t. X, p. 53, pl. I, fig. C[4]), de façon que le limbe, ainsi plié, représente une lame occupée en son milieu par du parenchyme *a*, et bordée par des groupes fibreux *c*, *c*. Or, comme le tissu fibreux, très-résistant, se prête peu à une contraction, tandis que le parenchyme est très-contractile, il en résulte que, au moment où ce dernier se contracte et se raccourcit entre les groupes fibreux, ceux-ci, conservant leur dimension première, sont obligés, pour rester compris entre les deux points extrêmes, d'imprimer à la lame totale un mouvement de torsion en spirale.

Il faut rapporter à la même cause la torsion spiralée que subissent, en se desséchant, certaines subules de Graminées (*Bromus arvensis*, etc.), ainsi que l'enroulement circiné des gaînes de *Gynerium argenteum*. Ces gaînes (pl. 16, fig. 14), creusées de grands canaux à air *e*, n'ont point de tissu fibreux à la face interne, mais elles en ont des groupes très-considérables à la face externe *c*, *c*. Quand une gaîne commence à se faner, le parenchyme vert de la face externe, avec les bandes d'épiderme superposées, est le premier à se contracter, mais dans le sens de la largeur seulement, attendu la résistance des groupes fibreux. La gaîne se fend donc en avant, se résout en une lame plane, et le limbe s'en détache à la région pétiolaire. Alors les tissus de la face interne, exposés à l'air, se contractent à leur tour, et la résistance des groupes fibreux de l'autre face détermine sur la face interne cet enroulement en crosse qui, s'opérant et disparaissant avec les variations hygrométriques, donne un aspect si singulier aux vieilles touffes de *Gynerium*.

M. J. Sachs, traitant des torsions, dit « qu'elles résultent d'une » plus longue durée de l'allongement dans les couches périphé- » riques de l'organe » (*Traité bot.*, trad., p. 1010). Cela est parfaitement exact pour certaines feuilles (*Pancratium maritimum*, etc.), pour quelques arêtes de Graminées (*Aira canescens; Stipa pennata, S. capillata*, etc.), et même pour certains limbes de Graminées (*Hordeum vulgare; Secale cereale*, etc.), qui, ayant des stomates à leurs deux faces, subissent une torsion *sur toute leur longueur* pendant leur période d'accroissement. Mais ce principe n'est plus applicable aux cas qui nous occupent, et dans lesquels la torsion résulte *du raccourcissement par contraction des tissus de la région médiane*, dans un cas, ou *de l'une des faces*, dans l'autre cas, *pendant que l'autre face ou la région marginale conservent leurs dimensions primitives.*

4° Parenchyme.

Le parenchyme remplit tout l'espace du mésophylle non occupé par les faisceaux vasculaires et les groupes fibreux hypodermiques. Il s'y présente sous trois formes ou modifications très-distinctes :

a. En cellules à chlorophylle, *dans toutes les feuilles sans exception.*

b. En cellules simples à contenu incolore, *dans certaines espèces seulement.*

c. En cellules étoilées et en cellules rameuses, *dans les canaux aérifères des espèces plus ou moins aquatiques.*

Ces formes sont si constantes, si déterminées et si rigoureusement localisées sur chaque espèce arrivée à son complet développement, que, sans les transitions qu'offre leur évolution, on serait porté à les considérer comme des systèmes particuliers de tissus.

a. Parenchyme à chlorophylle.

Ce parenchyme, qu'on pourrait appeler essentiel, attendu qu'il ne manque dans aucune feuille de Graminée, se présente sous deux états différents, auxquels correspondent deux dispositions générales également différentes :

1° Ou bien toutes ses cellules, semblablement remplies de chlorophylle en grains, sont groupées entre les faisceaux par assises plus ou moins parallèles aux surfaces épidermiques (pl. 17, fig. 1 à 11 ; pl. 18, fig. 3 à 5 ; pl. 19, fig. 1, 4, 6, 13 et 14).

2° Ou bien ses cellules sont de deux sortes : les unes ayant un contenu vert foncé, non en grains, mais plutôt en gelée verte, se contractant en gros flocons, souvent accompagnée de grands cristaux isolées et à faces bien développées (*Panicum capillare*, *P. Crus-galli*) ; les autres renfermant quelques grains de chlorophylle, petits et d'un vert pâle, rarement aussi quelques cristaux (*Panicum sanguinale*). Ces deux sortes de cellules sont constamment disposées en assises cylindriques autour des faisceaux, les premières contiguës à l'assise-limite et les autres autour des premières (1) ; et leur grand axe est toujours rayonnant (pl. 17, fig. 12 et 13 ; pl. 18, fig. 1, 2, 6 à 12 ; pl. 19, fig. 5, 7, 10 à 12).

Cette forme du parenchyme vert m'a paru très-digne d'attention : d'un côté, parce que je n'ai jamais vu mention d'un tel état de la chlorophylle dans les végétaux vasculaires ; de l'autre, parce que d'ordinaire les cellules ne contiennent pas en même temps des cristaux et de la chlorophylle (Duchartre, *Élém. de bot.*, p. 83 ; Sachs, *Traité de bot.*, trad., p. 91). Je me permets donc de recommander l'examen du contenu de ces cellules aux botanistes à qui leur genre d'études et leurs moyens d'investigation le permettront plus qu'à moi.

La disposition en cylindres concentriques est exclusivement propre à cet état particulier du parenchyme vert, et je n'ai jamais vu l'un sans l'autre. On les trouve sur les espèces suivantes, et certainement sur beaucoup d'autres, dont je n'ai pas eu occasion de faire des sections :

Tragus racemosus (pl. 19, fig. 7) ; Crypsis aculeata ; Cenchrus tribuloides ; Panicum plicatum (pl. 17, fig. 12 et 13), P. capillare, P. miliaceum, P. Crus-galli, P. dilatatum, P. vaginatum, P. sanguinale, etc. ;

(1) Il est à remarquer que la chlorophylle des cellules du cylindre interne s'agglomère par la dessiccation contre les parois, et qu'elle tombe le plus souvent quand les sections opérées sont très-minces. Ce cylindre paraît alors le moins coloré ; j'ai représenté cette apparence sur l'*Andropogon lanigerum*, pl. 18, fig. 11, et sur le *Ctenium americanum*, pl. 19, fig. 5.

Setaria glauca, S. verticillata; Gymnothrix latifolia; Pennisetum longistylum, P. asperifolium (pl. 18, fig. 7), P. cenchroides; Cynodon Dactylon; Pappophorum scabrum (pl. 19, fig. 11); Chloris submutica, Chl. petræa (pl. 18, fig. 1), Chl. radiata (pl. 18, fig. 2); Eleusine indica, E. Coracana; Andropogon Ischæmum, A. annulatum, A. Gayanum (pl. 18, fig. 10), A. connatum (pl. 18, fig. 9) A. dorsisetum (pl. 18, fig. 8), A. foveolatum (pl. 18, fig. 12), A. prionodes (pl. 19, fig. 12), A. lanigerum (pl. 18, fig. 11), A. argenteum, A. Gryllus, A. squarrosum, A. Allionii, etc.; Tripsacum dactyloides; Erianthus Ravennæ; Imperata cylindrica, I. sacchariflora; Sorghum halepense, etc.; Sporobolus arenarius (pl. 18, fig. 6); Eragrostis major, E. minor (1); Æluropus littoralis (pl. 19, fig. 10); Diplachne serotina; Danthonia Forskälii (2), etc.

Si l'on examine la liste des espèces qui m'ont présenté cette disposition et cet état du parenchyme vert, on voit qu'elle renferme les Panicées, les Chloridées, les Andropogonées, puis quelques espèces isolées appartenant à d'autres tribus. Mais il est digne de remarque que chacune de ces dernières espèces fait partie de cette catégorie de Graminées nomades qui, au lieu de s'imposer par des caractères évidents comme appartenant à un genre nettement déterminé, ont été ballottées d'un genre à un autre, et finalement érigées en genres discutés et peut-être discutables. Ainsi le genre *Crypsis*, placé par les uns dans la tribu des Phalaridées (Kunth, Parlatore, Godron, etc.), l'a été par d'autres dans les Alopécurées (Cosson), dans les Agrostidées (Steudel, *Syn. Glum.*, I, p. 151), etc., et ses espèces ont erré des *Schœnus* L., *Sp. pl.*, p. 63, aux *Anthoxanthum* L. fil., *Suppl.*, p. 89; aux *Phalaris* Sibth. et Sm., *Fl. græc. prodr.*, I, p. 38; aux *Phleum*, Jacq., *Fl. austr.*, V, p. 29; aux *Agrostis* Scop., *Fl. carn.*, I, p. 62, et All., *Fl. ped.*, II, p. 237; aux *Vilfa* Presl., *Fl. sic.*, XLIV; aux *Antitragus* Gærtn., II, p. 7; aux *Heleochloa* Host, *Gram. austr.*, I, p. 77. De même, le *Sporobolus arenarius* a été successivement : *Agrostis arenaria* Gouan, *Illustr.*, p. 3; *Phalaris disticha* Forskäl, *Descr.*, p. 17; *Vilfa*

(1) Sur les *Eragrostis* le cylindre vert est incomplet et interrompu au-dessous des faisceaux par deux cellules incolores.

(2) Cette disposition ne se montre pas sur nos deux *Danthonia* indigènes.

pungens Pal. B., *Agrost.*, p. 16; *Podosemum pungens* Link, *Hort. ber.*, I, p. 85, etc., et ce qui peut encore être remarqué, la même plante a deux feuilles à chaque nœud, comme le *Cynodon* et les *Chloris* (1)! Ce dernier caractère se trouve aussi chez l'*Æluropus littoralis*, qui, avant d'être arrêté dans ce genre, a passé des *Poa* (*P. littoralis* Gouan, *Fl. monsp.*, p. 470) aux *Agrostis* (*A. pungens* Pall., *Ind. Taur.*); aux *Milium* (*M. maritimum* Georg., *Beschr. d. Russ.*, III, p. 685); aux *Dactylis* (*D. repens* Desf., *Fl. alt.*, p. 79); aux *Festuca* (*F. littoralis* Smith, *Fl. gr. Prodr.*, I, p. 61); aux *Calotheca* (*C. littoralis* Spreng., *Syst.*, I, p. 347); aux *Chamædactylis* (*Ch. maritima* Nees ab Es., *Gen. fl. germ.*, I, tab. 66), etc. Nos *Eragrostis* ont été aussi attribués aux *Briza* et aux *Poa*. Le *Diplachne serotina* n'est arrivé à l'honneur de son genre monotype qu'après avoir été promené dans les *Festuca* (*F. serotina* L., *Sp. pl.*, p. 111); les *Agrostis* (*A. serotina* L., *Mant.*, p. 30); les *Molinia* (*M. serotina* Mert. et Koch, *Deutschl. Fl.*, I, p. 385); les *Melica* (*M. nodosa* Pill. et Mitt., *It. Pos.*, p. 143); les *Bromus* (*B. strictus* Scop., *Fl. carn.*, II, n° 114); les *Schedonorus* (*S. serotinus* Rœm. et Sch., *Syst.*, II, p. 702), etc. Et enfin le *Danthonia Forskälii* a couru dans les *Deschampsia* (*D. arundinacea* Spreng., *Nov. Prov.*, p. 16); dans les *Avena* (*A. arundinacea* Delile, *Ægypt.*, 27, tab. 12, fig. 1); les *Trisetum* (*T. Forskälii* Pal. Beauv., *Agrost.*, p. 88), etc. Notons encore que les *Eragrostis* indigènes, les *Diplachne* et le *Danthonia Forskälii* n'ont pas seulement des panicules terminales, comme les *Poa* et les *Festuca*, mais aussi des panicules à presque tous leurs nœuds, comme la plupart des Panicées, des Andropogonées et des Chloridées. Ainsi ces diverses espèces s'éloignent par leurs caractères histotaxiques, comme par ceux des organes de reproduction, des genres aux-

(1) Voyez *Bull. Soc. bot. Fr.*, t. XVI, p. 107 et suiv. De plus, il est à noter que, au caractère histotaxique précité commun aux *Crypsis* et aux *Sporobolus*, s'en joint un autre tout aussi exceptionnel fourni par les organes de reproduction, celui d'avoir pour fruit un achane et non un caryopse (voy. J. Duval-Jouve, *Étude sur le genre* Crypsis *et sur ses espèces françaises*, in *Bull. Soc. bot. Fr.*, t. XIII, p. 323 et 324; quelques autres points de ressemblance entre les *Crypsis* et les *Sporobolus* y sont encore signalés).

quels de vagues ressemblances les avaient fait d'abord réunir. Enfin on peut aussi remarquer que, parmi les Graminées précitées, il n'y a pas une seule espèce vernale ; elles fleurissent en été, plusieurs même en automne.

Dans les limbes où le parenchyme à chlorophylle offre la première disposition mentionnée plus haut (page 348), il présente les différences de détail suivantes :

1° Il est répandu entre les faisceaux en masses continues et uniformes :

Zea ; Coix (1) ; Chamagrostis minima (pl. 17, fig. 1) ; Oryza ; Leersia oryzoides (pl. 19, fig. 1) ; Phalaris canariensis, P. nodosa, P. cærulescens, P. arundinacea ; Agrostis alba, A. verticillata ; Polypogon monspeliense, P. maritimum, P. littorale ; Piptatherum paradoxum, P. multiflorum ; Aira cespitosa, A. latifolia (pl. 19, fig. 6), A. media (pl. 17, fig. 3) ; Holcus lanatus ; Kœleria cristata ; Trisetum flavescens ; Avena bromoides (pl. 17, fig. 2), A. sterilis et autres ; Poa annua (pl. 18, fig. 4), P. bulbosa et autres ; Briza ; Melica ; Dactylis glomerata (feuilles supérieures) ; Enodium cæruleum ; Cynosurus ; Festuca glauca (pl. 17, fig. 5) et autres ; Bromus ; Elymus ; Agropyrum ; Brachypodium ; Lolium ; Nardus stricta (pl. 17, fig. 6), etc., etc.

2° Sur les espèces à grosses nervures, ces masses, interrompues par le développement du tissu fibreux et par la profondeur des sillons, restent en grandes bandes sur les flancs des nervures :

Lygeum Spartum (pl. 17, fig. 7) ; Spartina versicolor, S. stricta (pl. 18, fig. 5), S. cynosuroides ; Arundo Donax, A. Phragmites ; Ampelodesmos ; Psamma ; Stipa pennata, S. capillata, S. juncea, S. altaica (pl. 17, fig. 11), S. tenacissima (pl. 17, fig. 8), S. papposa, etc. ; Aristella bromoides ; Arthratherum pungens (pl. 17, fig. 10), A. ciliatum ; Avena sempervirens, A. Hostii ; Glyceria festucæformis (pl. 17, fig. 9), G. distans, etc.

3° Les masses situées entre les faisceaux ont du tissu incolore à leur centre, là où les espèces aquatiques du groupe suivant ont des canaux aérifères :

(1) Le *Zea Mays* et le *Coix Lacryma* offrent quelques traces de disposition cylindrique autour des faisceaux, et l'on peut remarquer que ces genres ont été placés par M. Ad. Brongniart dans la tribu des Panicées (*Énum. gen.*, 2e édit., p. 56).

Sesleria cærulea, S. argentea; Gynerium argenteum; Dactylis glomerata (feuilles inférieures), etc.

4° Toute la partie centrale des masses est occupée par un canal aérifère entouré plus ou moins complétement de parenchyme vert :

Glyceria aquatica (pl. 18, fig. 3), G. fluitans, G. nervata, etc.

Dans ce dernier groupe, toutes les cellules à chlorophylle ont la forme et la disposition dites *en palissade;* tandis que dans les autres groupes elles n'ont cette forme et cette disposition que contre les épidermes; au milieu de l'épaisseur du limbe, elles ont les rameaux irréguliers et les grands méats du parenchyme dit *lacuneux* ou *spongieux*.

Les différences sur lesquelles ont été établis ces groupes ne sont, comme on le voit tout d'abord, que des modifications d'une même disposition générale, laquelle se présente chez des tribus où n'existe pas la disposition cylindrique. Il est vraiment digne de remarque que la disposition du parenchyme à chlorophylle, cette substance essentielle, soit dans un tel accord avec les grandes divisions basées sur les caractères des organes de reproduction. On trouve aussi ce double agencement dans les feuilles du genre *Cyperus* (cf. *Étude histotaxique des* Cyperus *de France*, p. 367 et suiv., et pl. XXI et XXII), et là aussi elle correspond à des différences dans les organes de reproduction.

Le parenchyme à chlorophylle arrive à son maximum de développement dans les espèces propres aux lieux frais et ombragés, comme les bois et les prairies.

b. Parenchyme simple incolore.

Ce parenchyme consistant en cellules simples, ovoïdes, a parois toujours minces, tout l'examen qu'on peut en faire se réduit à constater les combinaisons qui résultent de sa distribution et de sa position par rapport aux faisceaux et au parenchyme vert.

Nous avons d'abord à exclure un bon nombre d'espèces où le

parenchyme vert, soit seul (*Chamagrostis minima*, pl. 17, fig. 1), soit avec le tissu fibreux (*Stipa tenacissima*, pl. 17, fig. 8), occupe tout l'espace entre les faisceaux, et où le parenchyme incolore ne se montre pas.

Sur les espèces où ce parenchyme se montre, on trouve les dispositions suivantes :

1° Quelques cellules incolores se placent sur les flancs des faisceaux :

Coix ; Arthratherum ciliatum ; Melica Bauhini, etc.

Ou au-dessus d'eux :

Eragrostis major, E. minor, etc.

Ou en dessous :

Diplachne serotina, etc.

2° Le parenchyme incolore forme autour des faisceaux une assise plus ou moins complète et contiguë à l'assise-limite :

Tragus racemosus (pl. 19, fig. 7) ; Phleum pratense ; Spartina cynosuroides ; Ampelodesmos tenax ; Agrostis alba, A. verticillata ; Polypogon monspeliense ; Piptatherum paradoxum ; Aira latifolia (pl. 19, fig. 6) ; Avena bromoides (pl. 2, fig. 2) ; Gaudinia fragilis ; Kœleria cristata ; Poa annua (pl. 18, fig. 4) ; Melica Magnolii, M. altissima ; Enodium cæruleum ; Festuca ovina, F. glauca (pl. 17, fig. 5) ; Bromus ; Nardus stricta (pl. 17, fig. 6), etc.

3° Il forme une assise en dehors de l'assise-limite des faisceaux, et s'étend en dessus et en dessous jusqu'aux groupes fibreux :

Lygeum Spartum (pl. 17, fig. 7) ; Oryza ; Leersia oryzoides (pl. 19, fig. 1) ; Sesleria ; Eleusine Coracana ; Gynerium argenteum ; Arundo Donax, A. Phragmites (avec une disposition un peu exceptionnelle) ; Stipa papposa ; Aristella bromoides ; Holcus lanatus ; Avena sempervirens, A. Hostii ; Glyceria festucæformis (pl. 17, fig. 9) ; G. distans ; Festuca spadicea, F. arundinacea (pl. 19, fig. 4), F. cærulescens ; Elymus arenarius, E. giganteus ; Agropyrum ; Brachypodium (pl. 19, fig. 13 et 14), etc.

On voit cette disposition portée à l'extrême dans quelques limbes qui ont des nervures excessivement saillantes :

Spartina stricta (pl. 18, fig. 5); Arthratherum pungens (pl. 17, fig. 10); Psamma, etc.

4° Une masse plus ou moins forte règne à la côte médiane au-dessus des faisceaux :

Zea Mays; Phalaris canariensis, Ph. paradoxa, etc.; Cenchrus tribuloides; Panicum plicatum (pl. 17, fig. 11), P. Crus-galli, etc; Setaria glauca, etc.; Gymnothrix latifolia; Andropogon connatum (pl. 18, fig. 9), A. Gayanum (pl. 18, fig. 10), A. lanigerum (pl. 18, fig. 11), A. foveolatum (pl. 18, fig. 12), etc.; Erianthus Ravennæ; Imperata; Saccharum; Sorghum; Avena barbata, A. sterilis; Cynosurus echinatus, etc.

5° De la côte médiane le parenchyme incolore s'étend à toute la surface supérieure du limbe :

Chloris submutica, C. petræa (pl. 18, fig. 1), C. radiata (pl. 18, fig. 2); Andropogon Ischæmum, A. argenteum, A. verticillatum, A. prionodes (pl. 19, fig. 12), etc.

6° Outre celle de la côte médiane, une bande incolore, alternant avec les faisceaux, s'étend verticalement d'un épiderme à l'autre :

Panicum capillare, P. miliaceum; Pennisetum longistylum; Cynodon Dactylon; Eleusine Coracana, etc.; Sporobolus arenarius (pl. 18, fig. 6); Æluropus littoralis (pl. 19, fig. 10) (ces deux derniers sans côte médiane saillante).

7° Le parenchyme incolore forme dans la côte médiane les murs de séparation des canaux aérifères :

Oryza; Leersia; Panicum Crus-galli, etc.

8° Sur les côtés du limbe, il occupe entre les faisceaux les points où s'étendent, dans le groupe suivant, les canaux aérifères à parenchyme étoilé :

Sesleria cærulea, S. argentea; Gynerium argenteum; Sorghum saccharatum, etc.

9° Sur les côtés du limbe, il se montre dans les murs de séparation entre les canaux aérifères :

Andropogon squarrosum; Glyceria aquatica (pl. 18, fig. 3), G. nervata, etc.

Les titres de ces groupes ne sont que des indications et non des définitions rigoureuses de sections à caractères exclusifs; de sorte que la présence d'une espèce dans un groupe n'exclut pas la possibilité de sa présence dans un autre. Ainsi les *Sesleria* font partie des groupes 3 et 8; l'*Eleusine Coracana*, des groupes 3 et 6, etc., par la raison que sur ces plantes se trouvent réunies des dispositions qui se montrent isolées sur d'autres. Faisons remarquer à ce sujet que la disposition du parenchyme vert en cylindres autour des faisceaux est absolument exclusive de toute apparition du parenchyme incolore autour des mêmes faisceaux, bien que cette dernière disposition soit la plus fréquente dans la famille des Graminées.

La présence des cellules bulliformes amène assez fréquemment celle de grandes cellules incolores, soit seulement au-dessous d'elles (*Arundo Donax; Andropogon provinciale; Ctenium americanum*, pl. 19, fig. 5; *Æluropus littoralis*, pl. 19, fig. 10; *Sporobolus arenarius*, pl. 18, fig. 6); soit au-dessous et à côté d'elles (*Chloris submutica; Chl. radiata*, pl. 18, fig. 6). Elles semblent en être une dépendance et un complément, comme si les cellules bulliformes, réduites à elles seules, n'eussent pas suffi à leur fonction, et que l'adjonction d'autres cellules élastiques plus profondément situées eût été nécessaire pour permettre, soit la convolution extrême, soit l'expansion complète des feuilles qui présentent cette disposition.

Nous signalerons de nouveau (voy. p. 352 et 353) à l'attention la disposition toute particulière que ce parenchyme affecte chez les *Sesleria*, le *Gynerium* et autres. Indépendamment des plans d'intersection qu'il forme dans le parenchyme vert, en s'étendant verticalement au-dessus et au-dessous des faisceaux jusqu'aux deux épidermes (groupe 3), ce tissu se présente au centre des masses du même parenchyme vert, aux points où, dans les espèces franchement aquatiques, se montrent les canaux aérifères à tissu étoilé, et là ses cellules sont si délicates, que souvent elles se disloquent, et laissent de véritables lacunes longitudinales. Par là il constitue un intermédiaire entre les limbes tout remplis de parenchyme à chlorophylle, et ceux où se montre le parenchyme étoilé, dont il nous reste à nous occuper.

Nous avons dit plus haut que le tissu fibreux se montre à son maximum de développement dans les Graminées propres aux expositions sèches et chaudes (p. 343), et le parenchyme vert dans celles des lieux frais et ombragés (p. 353). Or, c'est seulement dans les espèces propres aux sables du littoral maritime et des lacs salés que s'observe le développement extrême du parenchyme incolore. Il y soulève en nervures larges et hautes la face supérieure du limbe des *Spartina* (pl. 18, fig. 5), des *Arthratherum* (pl. 17, fig. 10), des *Psamma* et même du *Triticum junceum* (voy. *Agrop. de l'Hérault*, pl. XVI, fig. 6, 7 ; pl. XIX, fig. 13 et 14), et il donne ainsi un caractère histotaxique commun à des feuilles de tribus très-éloignées (1). Sur une même espèce, on peut constater l'influence de la station littorale : ainsi le *Festuca arundinacea* de nos prés a ses feuilles plates et minces; celui de la plage les a plus épaisses avec une apparence de feuilles grasses. Les sections font voir que la disposition générale des tissus est identique, mais que le parenchyme incolore est développé presque au double sur les pieds des sables salins.

c. Parenchyme étoilé.

Les Graminées franchement aquatiques sont en très-petit nombre, et en France nous n'en possédons pas une dizaine sur un total de près de 400 espèces. Il y a donc peu de variété dans les sujets où l'on peut étudier la modification du parenchyme particulière aux feuilles de ces Graminées.

Voici en quoi elle consiste : Entre les faisceaux, dans le parenchyme vert (*Glyceria fluitans*, etc.), ou dans du parenchyme incolore (*Andropogon squarrosum*, etc.), courent, sur la longueur du limbe, et particulièrement à ses deux tiers inférieurs, de grands canaux remplis d'air. Dans le très-jeune âge des feuilles encore en état de vernation, ces canaux sont occupés

(1) La ressemblance des caractères extérieurs des Graminées maritimes n'avait pas échappé à Linné (voy. ci-dessus, page 296), mais il n'était pas allé plus avant.

par des cellules étoilées, sans chlorophylle, à parois excessivement minces, cellules qui, primitivement ovoïdes ou sphériques, au lieu de se développer en tous sens, se sont étirées à leurs points de contact (voy. *Bull. Soc. bot. Fr.*, t. XVI, p. 404 et suiv., pl. III, fig. 1, 2, 7). Lorsque le limbe achève son développement, leurs parois délicates ne peuvent suivre l'accroissement des autres tissus ; elles se déchirent et se disloquent, et leurs restes pendent en lambeaux arachnoïdes aux murs des canaux. Mais cette disparition n'a pas lieu sur toute l'étendue d'un canal ; de place en place subsistent des diaphragmes de une à trois assises d'un tissu plus serré, à cellules rameuses beaucoup plus petites, à branches plus courtes, à parois plus résistantes et contenant quelquefois des grains de chlorophylle. Sur certaines espèces, ces cellules sont groupées par quatre, et dans un même groupe, parallèles entre elles, mais non avec celles du groupe voisin ; sur d'autres, elles ont des rameaux rayonnants bi-trifurqués (pl. 19, fig. 2 et 3), et elles présentent ainsi un certain nombre de formes variées, constantes pour chaque espèce, et dont la description comparative serait ici hors de propos. C'est à travers ces diaphragmes que passent les petits faisceaux transversaux mentionnés pages 306 et 336.

Ce tissu paraît n'être qu'une modification du parenchyme incolore, car on trouve tous les passages entre les formes extrêmes des cellules ovoïdes simples et des cellules à longs rayons. Chez plusieurs Graminées (*Sorghum halepense*, *S. saccharatum*, etc.), les feuilles encore en état de vernation offrent, vers leur base et aux points où se montrent, chez d'autres, les canaux à tissu étoilé, un tissu très-lâche à grands méats chargés d'air ; un pas de plus, et les points de contact, en s'étirant, aboutiraient à du tissu étoilé ; mais ici c'est le contraire qui arrive. A mesure que la feuille s'accroît à l'air libre, les cellules de ces points se développent et s'épaississent sur toute l'étendue de leurs parois et ressemblent alors au reste du parenchyme. Le second degré se montre chez le *Sesleria* (pl. 16, fig. 16, *i*), où nous avons vu (p. 356) que le tissu incolore des mêmes points demeure très-délicat, et que sa dislocation finit même par constituer de véritables lacunes longitudinales occupant la même place que les canaux à air, et n'en différant qu'en ce que les cellules qui les occupaient d'abord ne se sont pas, à leurs points de contact, étirées en rayons. On voit, avec la même disposition, le même tissu de transition sur les gaînes d'un grand nombre de Graminées (*Panicum capillare*, etc.) et sur les limbes du *Gynerium argenteum*. Sur le *Dactylis glomerata*, la suite des transitions est complète ; un même pied présente, à ses gaînes et à ses feuilles inférieures, des canaux aérifères avec cellules étoilées très-caractérisées ; aux feuilles plus élevées on n'en voit plus qu'aux gaînes et vers la base du limbe ; en gagnant la pointe, le tissu passe par degrés, non-seulement au parenchyme simple incolore, mais au parenchyme à chlorophylle.

Plusieurs Graminées qui, sans être proprement aquatiques, croissent dans les terrains très-humides, ont des canaux et des diaphragmes à leurs gaînes immergées, et n'en ont plus à leurs feuilles (*Spartina versicolor; Gynerium argenteum* (pl. 16, fig. 14), ou bien ne les conservent qu'aux feuilles inférieures et les perdent aux supérieures, ou n'en ont que vers la base des limbes de celles-ci (*Panicum Crus-galli*, etc.). L'*Oryza sativa* et le *Leersia oryzoides*, dont les gaînes ont des canaux, n'en conservent que dans la côte médiane de leurs limbes et vers la base seulement. Le *Dactylis glomerata*, originaire des lieux humides, mais capable de vivre dans des localités plus sèches, conserve, dans les canaux des ses feuilles radicales, les traces de sa primitive organisation.

La présence de canaux à air entraîne parfois des modifications qu'il convient d'indiquer. Sur les feuilles très-fraîches du *Glyceria aquatica*, on voit, à chaque face, les tissus se soulever légèrement en dehors vis-à-vis des canaux et comme pour en favoriser l'extension ; mais, sur le *Glyceria fluitans*, cette disposition devient extrême et très-particulière. La face supérieure se soulève tellement au-dessus des canaux, qu'elle devient toute plissée et rayée de sillons anguleux très-profonds. Mais alors ces sillons sont au-dessus des faisceaux, et les lignes saillantes, devenues intermédiaires aux faisceaux, occupent la place ordinaire des sillons, ce qui est le contraire de ce que nous avons vu jusqu'ici. Les feuilles inférieures de cette espèce flottent à la surface de l'eau, mais les culmaires supérieures sont le plus souvent hors de tout contact du liquide. Or, ces dernières sont fortement carénées au-dessous de la ligne médiane, et n'ont au-dessus qu'une faible saillie, tandis que sur les feuilles flui-tantes la carène disparaît, le limbe est plat en dessous, mais en dessus la saillie médiane s'élève très-fort et jusqu'à former une petite lame, et en même temps les plis de la face supérieure se prononcent tellement, que chaque dépression descend presque jusqu'au faisceau. Il en résulte que cette face ne peut rester en contact avec l'eau, et si l'on détache un limbe et qu'on le place la face supérieure sur l'eau, il se retourne brusquement et se met dans sa position normale, tandis que les limbes des autres espèces restent sur l'eau dans la position où on les y met.

Les différences que nous venons de signaler entre les feuilles d'une même plante, ou entre les régions d'un même limbe, sont des exemples très-frappants des modifications qu'un même organe, sur un même individu, peut recevoir de ses rapports avec les milieux. Mais jusqu'où iraient ces différences, si nous comparions anatomiquement :

Les feuilles aériennes du chaume aux feuilles-écailles souterraines du rhizome;

Les feuilles-écailles demeurées souterraines à celles qui ont achevé leur développement à l'air libre et à la lumière ;

Les feuilles aériennes d'un stolon à celles qui se réduisent à l'état de feuille-écaille sur un stolon enterré et se transformant en rhizome?

IV

CONCLUSIONS.

Linné avait dit et Palisot de Beauvois a répété que les feuilles des Graminées ont toutes une même structure. Tout ce qui précède montre au contraire qu'il existe une diversité extrême dans les détails de leur structure, et qu'il est impossible de trouver une expression générale de l'agencement de leurs tissus.

Cette diversité se montre non-seulement dans les feuilles, mais dans tous les organes des Graminées, ce qui fait que, de toutes les familles, la leur est peut-être la plus réfractaire à toute énonciation d'un caractère commun. On leur avait attribué :

Une gaîne fendue : elle est entière au moins sur un cinquième des espèces (1).

Une seule feuille à chaque nœud : les *Cynodon*, les *Sporobolus*, les *Ælurupus*, les *Chloris*, en ont deux, trois, et quelquefois quatre.

Des faisceaux isolés : ils sont tous, dans toutes les espèces, reliés par des faisceaux transversaux.

Des stomates à la face inférieure (2) : beaucoup en ont sur les deux faces, beaucoup à la supérieure seulement.

Une racine avec assise rhizogène interrompue par des vaisseaux (3) : cette assise est continue sur les neuf dixièmes des espèces.

Un rhizome avec assise-limite continue : elle est interrompue sur le *Sorghum halepense*, le *Cynodon Dactylon*, etc., et nulle dans le *Glyceria aquatica*, etc.

Un caryopse : les *Crypsis*, les *Sporobolus*, etc., ont un achaine (4).

A la diversité extrême des organes de végétation, non-seulement dans l'ensemble de la famille, mais entre des espèces congénères, s'oppose la constance de la forme générale des organes de reproduction. Dans ces derniers, rien ou presque rien ne vient troubler la conservation et ensuite la transmission de la forme reçue par hérédité. Leur évolution, de *très-courte durée*, se fait sous des enveloppes protectrices, toujours dans un même milieu, dans une seule et même saison, c'est-à-dire à peu près toujours

(1) Voyez *Bull. Soc. bot. Fr.*, t. VI, p. 199 et suiv.

(2) Babel (*op. cit.*, p. 25), et presque tous les traités.

(3) Van Tieghem, *Ann. sc. nat.*, 5e série, BOTAN., t. XIII, p. 140-145, et aussi Sachs, *Traité bot.*, trad., p. 720 (note).

(4) Voyez *Bull. Soc. bot. Fr.*, t. XIII, p. 324.

dans les mêmes conditions atmosphériques ; dès lors l'influence ancestrale peut se perpétuer intacte, ou du moins demeurer représentée en ce qu'elle a d'essentiel.

Les organes de végétation ont une évolution et une fonction plus longues, et sont directement soumis à toute l'action et à toutes les influences des milieux, du sol, de l'eau, de l'air ; ils sont dès lors modifiés et se modifient de toute façon pour s'adapter aux besoins de chaque fonction (1). Ils sont ce que les font devenir les influences extérieures, et, comme ces influences multiples ont pu se combiner à l'infini, elles ont déterminé toutes sortes de différences : aussi, pas une racine, pas un rhizome, pas un chaume, pas une feuille d'une espèce donnée n'est identique dans ses détails histotaxiques à la même partie d'une autre espèce. Et si, dans quelques espèces voisines, ou dans une section de genre, ou dans un genre peu nombreux en espèces, ou même dans des espèces de genres très-éloignés, un caractère commun se présente, on peut remarquer que ces espèces vivent dans le même milieu, sont soumises aux mêmes influences, et que les mêmes besoins ont dû amener une même adaptation.

Nous avons vu un rapport constant entre le développement du tissu fibreux et les expositions sèches et chaudes ; entre celui du parenchyme et les lieux frais et ombragés ; entre celui du parenchyme incolore et les stations des plages maritimes et des terres salées de l'Algérie. Les feuilles des Graminées franchement aquatiques nous ont offert un caractère commun : les canaux à air avec tissu étoilé et diaphragmes vasculifères ; les racines, un autre caractère commun : la réduction de l'élément vasculaire (souvent jusqu'à un seul vaisseau central) et le non-épaississement des parois du tissu cellulaire et fibreux. En même temps chacune d'elles a des différences de détail que nous ne sommes pas encore et que nous ne serons peut-être jamais à même de rattacher aux causes déterminantes. Certaines espèces

(1) Il est à remarquer que les Graminées annuelles présentent, en général, dans la structure de leurs feuilles, plus d'uniformité que les Graminées vivaces à feuilles persistantes.

nous ont offert des différences d'organisation, soit entre leurs feuilles basilaires et les supérieures, soit entre la gaîne et le limbe d'une même feuille, soit entre la base et l'extrémité d'un même limbe, quand ces parties ou ces régions ont à se développer dans un milieu aquatique ou très-humide (1).

Ailleurs nous avons vu tous les degrés de modification répondant aux degrés d'influence des milieux. On sait qu'aux divers âges d'une même Graminée aquatique, on trouve le parenchyme étoilé à tous les degrés d'évolution, depuis la cellule ovoïde jusqu'à la cellule aux longs rayons. Or, dans la série des Graminées plus ou moins aquatiques, on trouve, occupant la même position, tous les degrés de ce tissu répartis et fixés sur diverses espèces; tout comme dans la série zoologique on trouve un même organe arrêté à chacun des degrés d'évolution par lesquels passe cet organe sur d'autres êtres plus élevés dans la série.

Les modifications ou variations qui se produisent *sous nos yeux*, dans un temps très-court, n'atteignent guère que l'extérieur des organes, en modifient les dimensions, allongent ou réduisent les saillies exodermiques, arrêtent ou favorisent le développement des stomates, etc., sans aller jusqu'à produire, *sous nos yeux*, des formes organiques nouvelles. La permanence du type au-dessous de ces variations peut nous aider à comprendre comment les caractères du genre et de la famille se sont conservés, et se conservent encore au-dessous des modifications plus profondes que des influences plus énergiques et plus durables ont imprimées aux organes de végétation pour amener ce que nous appelons les espèces actuelles. Ainsi nous voyons une structure analogue, ou même presque identique, dans les feuilles et dans les racines d'espèces appartenant à des genres très-éloignés, et conservant d'ailleurs tous leurs caractères génériques, si ces espèces vivent dans les mêmes circonstances; leur état actuel étant la résultante d'une suite d'influences analogues.

(1) Il y a même des espèces qui, plus ou moins amphibies (*Phalaris arundinacea*, *Ph. cærulescens*, etc.), ont des racines de deux sortes : les unes semblables aux racines des plantes aquatiques; les autres, à celles des plantes vivant sur un sol non submergé.

Je citerai comme exemple le *Sporobolus arenarius* et l'*Æluropus littoralis*. Il est impossible de parcourir notre littoral méditerranéen, où fréquemment croissent à côté l'une de l'autre ces deux Graminées, sans être frappé des ressemblances qu'elles présentent : — dans leur propagation par d'énormes stolons, d'où s'élèvent des chaumes foliifères et des chaumes spicifères ; — dans la forme de la panicule ; — dans la présence à chaque nœud de deux feuilles de même forme, également étalées, également motiles, à ligule également remplacée par des expansions filiformes. Mais les ressemblances sont bien plus frappantes encore dans les détails histotaxiques : — les tissus du rhizome et des racines sont semblablement disposés ; — l'agencement de ceux des feuilles est presque identique, et, chose très-digne de remarque, constitue pour toutes les deux la même exception avec l'agencement qui règne dans la tribu à laquelle appartient chacune de ces espèces (voy. ci-dessus page 350). Il n'est pas jusqu'à leurs expansions piliformes qui ne présentent une disposition commune, les mettant aussi en dehors des genres voisins. En un mot, tandis que les caractères des organes reproducteurs de ces deux espèces demeurent très-différents, très-éloignés même, le parallélisme le plus complet se montre dans les ressemblances de leur ensemble et des plus minutieux détails de leurs organes de végétation. Ces derniers organes, ayant dans un même lieu une même fonction à remplir, s'y sont adaptés de même façon, au point qu'un facies commun fait reconnaître des plantes de familles très-éloignées comme ayant une même provenance : plaines du Sahara, bords des étangs salés, sommets des hautes montagnes.

Dans la comparaison de genres différents, ces espèces qui se ressemblent sont des termes correspondants, des analogues isotopiques, des espèces parallèles, en un mot ; et leur parallélisme dans les genres comparés répond à celui des variations que des conditions analogues amènent soit sur des espèces congénères (1), soit sur des espèces à propagation et à végétation similaires (2).

(1) Voyez *Bull. Soc. bot. Fr.*, t. XII, p. 196 et suiv.

(2) Voyez *Agropyrum de l'Hérault*, p. 369. — Un autre exemple éminemment

Tout étant plus persistant dans les organes de reproduction, c'est là qu'il faut chercher les restes héréditaires des types primitifs et les caractères communs pour l'ordonnance méthodique de l'ensemble. Tout pouvant se modifier davantage sur les organes de végétation, c'est dans la diversité de leur ensemble et de leurs détails qu'il faut chercher les caractères différentiels pour l'établissement des types.

Et là, la moindre différence est précieuse à constater, non au point de vue absolu de la distinction des espèces, car, en s'attachant trop étroitement aux différences des détails extérieurs, on serait conduit à la vaine édification d'espèces pulvérisées et indéfiniment pulvérisables; mais précieuse en ce qu'elle témoigne, comme effet persistant, des modifications que les circonstances diverses peuvent amener sur un type.

RÉSUMÉ.

En résumé,

Nous nous proposions de signaler la diversité de l'agencement des tissus dans la feuille des Graminées, et le rapport des principales dispositions avec les fonctions que peut imposer le milieu.

Linné avait entrevu quelques points de diversité extérieure; Palisot de Beauvois les a négligés, et, niant toute diversité intérieure, a détourné l'attention de l'étude anatomique.

remarquable de ce parallélisme se montre dans la structure des feuilles des trois espèces suivantes de chacun des genres *Agropyrum* et *Brachypodium*.

A l'*Agr. caninum* répond le *Br. sylvaticum*; à l'*Agr. repens* répond le *Br. pinnatum*; à l'*Agr. intermedium* répond le *Br. phœnicoides*.

Aux feuilles plates et molles, aux glumelles longuement subulées, à la souche fibreuse de l'*Agr. caninum*, répondent, par leur forme générale et par tous les détails histotaxiques, la souche, les glumelles, les feuilles du *Br. sylvaticum*, qui a la même station; aux feuilles coriaces et fortement nerviées de l'*Agr. intermedium* Host (*A. campestre* Godr.) répondent, trait pour trait, les détails histotaxiques de celles du *Br. phœnicoides*, et à l'*Agr. repens*, intermédiaire aux deux autres, correspond le *Br. pinnatum*, également intermédiaire. Ce parallélisme est si complet et si parfait, que, pour le décrire, il n'y aurait qu'à répéter sur une espèce ce qu'on aurait dit de la correspondante. On ne peut s'en faire une idée exacte qu'en comparant les sections des feuilles de ces Graminées, ce que je ne puis faire ici, m'étant imposé la loi d'écarter de ce travail toute comparaison et toute description d'espèces.

Certaines Graminées n'ont à chaque nœud qu'une feuille, d'autres en ont deux, de même que certains genres ont à la base de leurs épillets deux glumes et d'autres une seule.

Le limbe a toujours deux faces distinctes.

Ses deux moitiés longitudinales ne sont pas égales.

Le sens de l'enroulement alterne entre deux feuilles consécutives.

La marche des *nervures* dans le limbe présente trois modes et détermine trois formes :

1° Elles sont toutes isolées dès la base ; les plus éloignées de la médiane sont les plus courtes, et le limbe est triangulaire.

2° Elles sont toutes isolées dès la base, toutes de même longueur, et le limbe a ses marges parallèles.

3° Elles sont à la base toutes réunies dans la côte médiane, et ne s'en détachent que successivement ; les plus intérieures sont les plus courtes, et le limbe est lancéolé.

Les tissus d'un limbe sont :

L'épiderme,

Les faisceaux fibro-vasculaires,

Les groupes fibreux hypodermiques,

Le parenchyme.

L'*épiderme* présente, disposées en bandes longitudinales, trois différentes sortes de cellules :

Sur les groupes fibreux hypodermiques, des cellules étroites avec parois épaisses, inégales en longueur, les plus courtes se soulevant en diverses saillies exodermiques.

Sur le parenchyme vert, des cellules grandes ; parmi elles, des stomates soit aux deux faces du limbe, soit seulement à l'une d'elles, laquelle est toujours tournée vers le sol, par position normale, si c'est l'inférieure ; par torsion, si c'est la supérieure.

Enfin, soit à la ligne médiane du limbe, soit à d'autres points déterminés suivant l'espèce, mais toujours entre deux nervures, des cellules bulliformes, de beaucoup les plus grandes de toutes, avec parois minces et faces d'articulation unies. Leur mode de répartition correspond constamment au mode de vernation et aux mouvements du limbe.

Les *faisceaux fibro-vasculaires* sont symétriques et orientés. Les plus complets, ou *primaires*, se composent sur chaque côté d'un gros vaisseau rayé ; sur leur ligne médiane, vers le pôle supérieur, de vaisseaux annelés dans une lacune ; au centre, de petits vaisseaux, et vers le pôle inférieur de tissu grillagé. Les *secondaires* n'ont point de vaisseaux annelés, et les *tertiaires* ne conservent que les deux derniers éléments ou le dernier seulement. Tous sont circonscrits par une assise-limite ; ils sont disposés en alternance assez régulière, d'après leur degré de force, et sont reliés entre eux par de très-petits faisceaux transversaux qui s'anastomosent sur le tissu grillagé, élément essentiel et toujours subsistant.

Les *groupes de tissu fibreux hypodermique* sont une dépendance du système vasculaire, pour lequel ils sont un revêtement protecteur. Les expositions sèches et chaudes en favorisent le développement ; l'ombre et l'humidité le réduisent.

Le *parenchyme* se présente sous trois formes :

1° En cellules simples à chlorophylle *dans toutes les feuilles*, mais avec deux modes de répartition : en cylindre autour des faisceaux, ou par assises entre les faisceaux. Les expositions fraîches et ombragées favorisent le développement du parenchyme vert.

2° En cellules simples, à contenu incolore, dans quelques espèces, avec agencements très-variés. Le développement de ce parenchyme est extrême sur les Graminées des sables du littoral maritime.

3° En cellules étoilées dans les canaux à air, et rameuses dans les diaphragmes vasculifères des *espèces aquatiques*.

Et entre ces formes se montrent de nombreuses transitions dues aux influences du milieu.

Considérées dans leur ensemble, abstraction faite des différences de détail dans la disposition des éléments, les formes si diverses des feuilles des Graminées peuvent se ramener à trois types :

Limbe plié ou roulé, jonciforme, à grosses nervures, où domine le système fibreux hypodermique ;

Limbe lamellaire plus ou moins plan ou étalé, à mésophylle plein, où domine le parenchyme à chlorophylle ;

Limbe lamellaire à mésophylle creusé de canaux à tissu étoilé et à diaphragmes.

Mais, entre les formes les mieux tranchées de chacun de ces types, il y a toutes les transitions possibles.

A part quelques détails communs à plusieurs espèces de Panicées et d'Andropogonées, l'agencement des tissus dans la feuille des Graminées présente une telle diversité, qu'aucune disposition n'est commune à la famille, ni même à tout un genre. Les organes de reproduction, moins exposés aux influences extérieures, nous donnent les caractères génériques représentant l'influence ancestrale ; les organes de végétation fournissent les différences spécifiques, résultantes actuelles des diverses influences extérieures.

EXPLICATION DES PLANCHES.

PLANCHE 16.

Fig. 1. *Arundo Donax.* Limbe très-réduit.

Fig. 2. *Poa trivialis.* Limbe.

Fig. 3. *Panicum plicatum.* Schéma du limbe.

Fig. 4, 5, 6, 7. Figures schématiques pour l'explication de la vernation.

Fig. 8. *Lolium rigidum.* Coupe transversale à la base d'une jeune plante pour montrer la vernation. 25/1.

a, limbe de la feuille supérieure du chaume central : il est convoluté ; *b*, gaîne de la deuxième feuille (en descendant) ; *c*, gaîne de la troisième feuille ; *a'*, limbe de la feuille supérieure du chaume latéral de droite : il est condupliqué ; *b'*, gaîne de la deuxième feuille du même ; *d*, gaîne d'une feuille inférieure aux deux chaumes précédents et les enveloppant ; *a''*, limbe de la feuille supérieure du chaume latéral de gauche ; *b''*, gaîne de la deuxième feuille du même ; *c''*, gaîne de la troisième feuille du même ; *e*, gaîne de la feuille inférieure enveloppant tout l'ensemble.

Fig. 9. *Sporobolus arenarius.* Fragment de la coupe longitudinale d'un limbe, opérée un peu obliquement dans un sillon. 120/1.

a, expansion exodermique piliforme ; *b*, grandes cellules à sa base ; *d*, épiderme supérieur ; *e*, épiderme inférieur (voy. la figure 6 de la planche 18).

Fig. 10. *Id.* Expansion prise sur les nervures et vue de profil.

Fig. 11. La même, vue de face.

Fig. 12. *Gynerium argenteum.* Expansion exodermique de la marge du limbe. 120/1.

Fig. 13. *Id.* Petite expansion exodermique. 250/1.

Fig. 14. *Id.* Coupe transversale d'une partie de la gaîne. 120/1.
a, faisceau primaire ; *b*, faisceau secondaire ; *c*, *c*, tissu fibreux dépendant des faisceaux ; *d*, faisceau transversal ; *e*, canal aérifère à cellules étoilées.

Fig. 15. *Leersia oryzoides.* Faisceau primaire de la côte médiane. 375/1.
a, *a*, vaisseaux latéraux ponctués ; *b*, petits vaisseaux ; *c*, vaisseau annelé ; *d*, lacune ; *e*, tissu grillagé ; *f*, assise-limite générale ; *f'*, limite du tissu grillagé ; *g*, groupe fibreux hypodermique du pôle inférieur ; *h*, parenchyme incolore.

Fig. 16. *Sesleria cærulea.* Coupe transversale de la région médiane du limbe. 120/1.
a, carène médiane ; *b*, faisceau médian ; *c*, *d*, groupes fibreux hypodermiques ; *e*, épiderme ; *f*, cellules bulliformes sur un limbe plié ; *g*, les mêmes sur un limbe étalé ; *h*, *h*, faisceaux latéraux ; *i*, lacunes.

PLANCHE 17.

Fig. 1. *Chamagrostis minima.* Coupe transversale d'un limbe. 50/1.

Fig. 2. *Avena bromoides.* Coupe transversale d'un limbe. 35/1.
a, épiderme ; *b*, *b*, faisceaux fibro-vasculaires ; *c*, *c*, groupes fibreux hypodermiques ; *d*, parenchyme vert.

Fig. 3. *Aira media.* Coupe transversale d'un limbe. 35/1.

Fig. 4. *Festuca heterophylla.* Coupe transversale d'un limbe. 50/1.
Remarquer les saillies du revêtement cuticulaire.

Fig. 5. *Festuca glauca.* Coupe transversale d'un limbe. 50/1.

Fig. 6. *Nardus stricta.* Coupe transversale d'un limbe. 50/1.

Fig. 7. *Lygeum Spartum.* Coupe transversale d'un limbe. 35/1.

Fig. 8. *Stipa tenacissima.* Coupe transversale d'une nervure du limbe. 120/1.
a, Faisceau primaire ; *b*, faisceau tertiaire ; *c*, *c*, faisceaux surnuméraires ; *d*, tissu fibreux hypodermique.

Fig. 9. *Glyceria festucæformis.* Coupe transversale d'un limbe. 35/1.

Fig. 10. *Arthratherum pungens.* Coupe transversale d'un limbe. 35/1.

Fig. 11. *Stipa altaica.* Coupe transversale d'un limbe. 35/1.
a, nervure médiane ; *b*, faisceau transversal allant d'un faisceau primaire à un faisceau tertiaire.

Fig. 12. *Panicum plicatum.* Partie de la coupe transversale d'un limbe. 10/1.

Fig. 13. *Id.* La région *ev* du précédent à 120/1.
a, faisceau ; *e*, cellules bulliformes ; *p*, expansion piliforme.

PLANCHE 18.

Fig. 1. *Chloris petræa.* Partie de la coupe transversale d'un limbe. 50/1.

Fig. 2. *Chloris radiata.* Partie marginale de la coupe transversale du limbe. 50/1.
a, *b*, bandes épaisses de tissu fibreux hypodermique. — Comparer la figure 8 de cette planche.

Fig. 3. *Glyceria aquatica*. Partie médiane de la coupe transversale d'un limbe. 35/1.
a, carène dorsale ; *b*, canal aérifère rempli dans le jeune âge de tissu étoilé.

Fig. 4. *Poa annua*. Coupe transversale d'un limbe. 50/1.

Fig. 5. *Spartina stricta*. Coupe transversale d'un limbe. 50/1.
a, nervure médiane.

Fig. 6. *Sporobolus arenarius*. Partie médiane de la coupe transversale d'un limbe. 120/1.
a, expansion exodermique piliforme ; *b*, grandes cellules de la base de l'expansion ; *c*, cellules bulliformes ; *d*, épiderme supérieur ; *e*, épiderme inférieur.

Fig. 7. *Pennisetum asperifolium*. Coupe transversale d'un. limbe 35/1.

Fig. 8. *Andropogon dorsisetum*. Partie marginale de la coupe transversale d'un limbe. 50/1.
a, *b*, bandes épaisses de tissu fibreux hypodermique.

Fig. 9. *Andropogon connatum*. Coupe transversale d'un limbe. 35/1.

Fig. 10. *Andropogon Gayanum*. Coupe transversale d'un limbe. 10/1.
A, région pétioliforme ; B, région laminaire.

Fig. 11. *Andropogon lanigerum*. Coupe transversale d'un limbe. 35/1.

Fig. 12. *Andropogon foveolatum*. Coupe transversale d'un limbe. 35/1.

PLANCHE 19.

Fig. 1. *Leersia oryzoides*. Coupe transversale d'un limbe.
Au point *a* se trouve dans les feuilles radicales un canal aérifère avec cellules étoilées.

Fig. 2. *Oryza sativa*. Coupe de la côte médiane d'une feuille basilaire. 10/1.
a, réseau vasculaire transversal d'un diaphragme.

Fig. 3. *Id.* Deux cellules d'un diaphragme de la côte médiane. 375/1.

Fig. 4. *Festuca arundinacea*. Partie de la coupe transversale d'un limbe jeune. 35/1.

Fig. 5. *Ctenium americanum*. Partie de la coupe transversale d'un limbe. 120/1.

Fig. 6. *Aira latifolia*. Partie marginale de la coupe transversale d'un limbe. 35/1.
a, *a*, faisceaux transversaux ; *b*, *b*, faisceaux longitudinaux surnuméraires.

Fig. 7. *Tragus racemosus*. Partie de la coupe transversale d'un limbe. 50/1.
a, nervure médiane.

Fig. 8. Détails de la coupe précédente à 375/1.
A, cellules bulliformes en section transversale ; B, les mêmes en section longitudinale ; *x*, cellules médianes ; *m*, cellules latérales, qui, en C, sont vues de face.

Fig. 9. *Tragus racemosus*. Expansion piliforme de la marge. 50/1.
A, vue de profil ; en *m*, un lambeau de l'épiderme de la marge ; B, coupe de la base de la même expansion.

Fig. 10. *Æluropus littoralis*. Coupe transversale d'un limbe. 120/1.

Fig. 11. *Pappophorum scabrum.* Coupe transversale d'un limbe. 50/1.

Fig. 12. *Andropogon prionodes.* Partie de la coupe transversale d'un limbe. 50/1. *a*, nervure médiane ; *b*, nervure secondaire.

Fig. 13. *Brachypodium sylvaticum.* Coupe transversale d'un limbe. 50/1.

Fig. 14. *Brachypodium phœnicoides.* Coupe transversale d'un limbe sur la marge enroulée intérieurement pendant la vernation, et qui ne s'étale jamais complétement. 50/1.

D'une part, j'ai dû borner le nombre des figures reproduisant les coupes des feuilles des Graminées, et. d'autre part, je n'ai voulu donner ici aucune des coupes déjà figurées par moi dans un autre travail. Mais, attendu leur importance et leur nombre, je crois devoir les indiquer ci-dessous, afin qu'on puisse les consulter et y trouver des termes utiles de comparaison.

Elles sont au nombre de 29, contenues dans le Mémoire que j'ai publié en 1870, sous ce titre : *Étude anatomique de quelques Graminées, et en particulier des* Agropyrum *de l'Hérault.*

Ce sont :

PLANCHE XVI.

Fig. 5. *Aira cespitosa.*
Fig 6. *Psamma arenaria.*
Fig. 7. *Spartina versicolor.*
Fig. 8. *Ampelodesmos tenax.*
Fig. 9. *Gynerium argenteum.*
Fig. 10. *Dactylis glomerata.*
Fig. 11. *Arundo Phragmites.*
Fig. 12. *Arundo Donax.*
Fig. 13. *Glyceria aquatica.*
Fig. 14. *Glyceria fluitans.*

PLANCHE XVII.

Fig. 1. *Cynodon Dactylon.*
Fig. 2. *Sesleria glauca.*
Fig. 3. *Panicum Crus-galli.*
Fig. 4. *Sorghum halepense.*
Fig. 5. *Saccharum officinarum.*
Fig. 6. *Imperata cylindrica.*
Fig. 7. *Andropogon Ischæmum.*
Fig. 8. *Andropogon distachyum.*
Fig. 9. *Andropogon squarrosum.*

PLANCHE XVIII.

Fig. 2. *Triticum repens.*
Fig. 4. *Triticum intermedium.*
Fig. 5. *Triticum littorale.*
Fig. 7. *Triticum Pouzolzii.*
Fig. 9. *Triticum glaucum.*
Fig. 11. *Triticum acutum.*
Fig. 13. *Triticum junceum.*
Fig. 14. *Triticum junceum.*
Fig. 16. *Triticum elongatum.*
Fig. 18. *Triticum Rouxii.*
Fig. 20. *Triticum caninum.*

Les preparations sur lesquelles ont été dessinées ces figures, ainsi que celles du présent travail, sont déposées au Muséum d'histoire naturelle.

PARIS. — IMPRIMERIE DE E. MARTINET, RUE MIGNON, 2

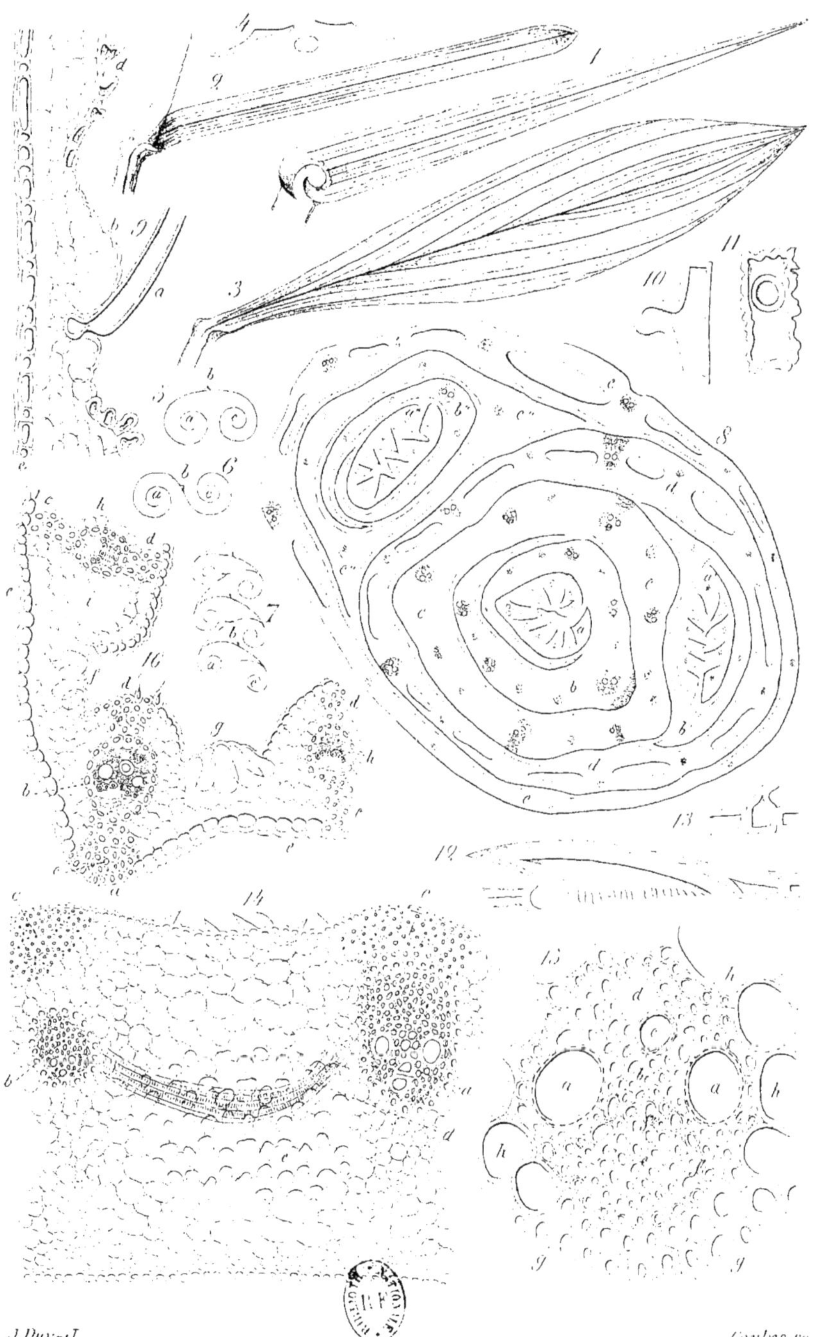

J. Duv.-J. Coubes sc.

Feuilles de Graminées.

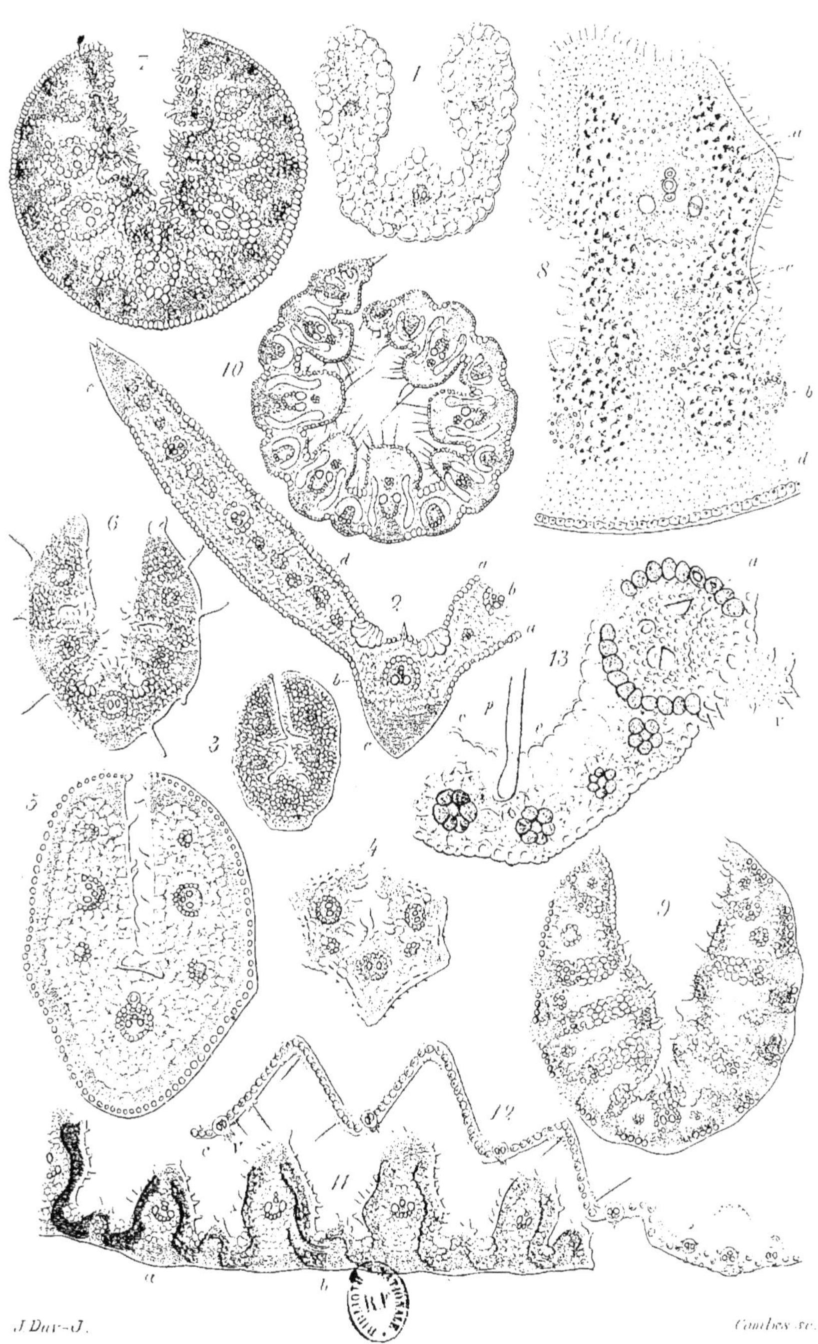

J. Duv.-J. Combes sc.

Feuilles de Graminées.

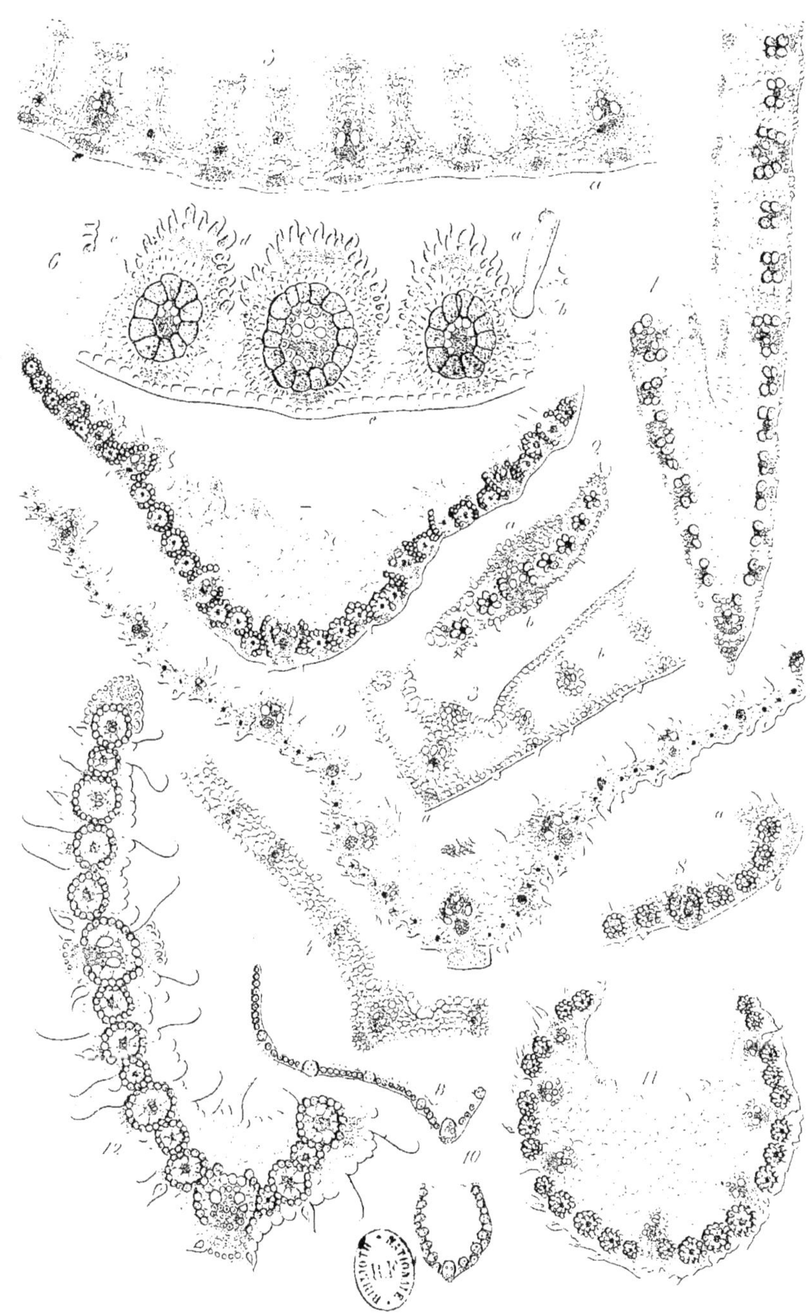

J. Duv-J. Combes sc.

Feuilles de Graminées.

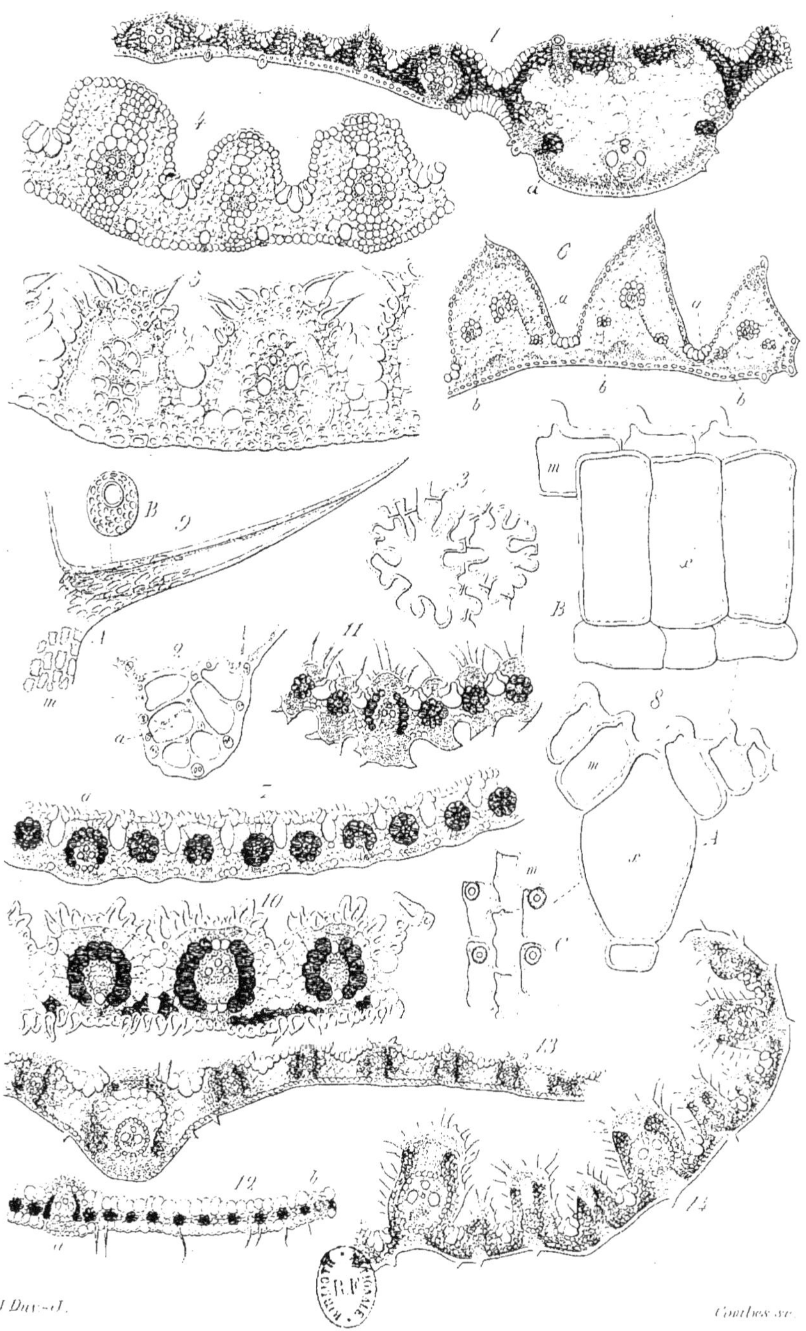

J. Duv.-J. Combes sc.

Feuilles de Graminées.

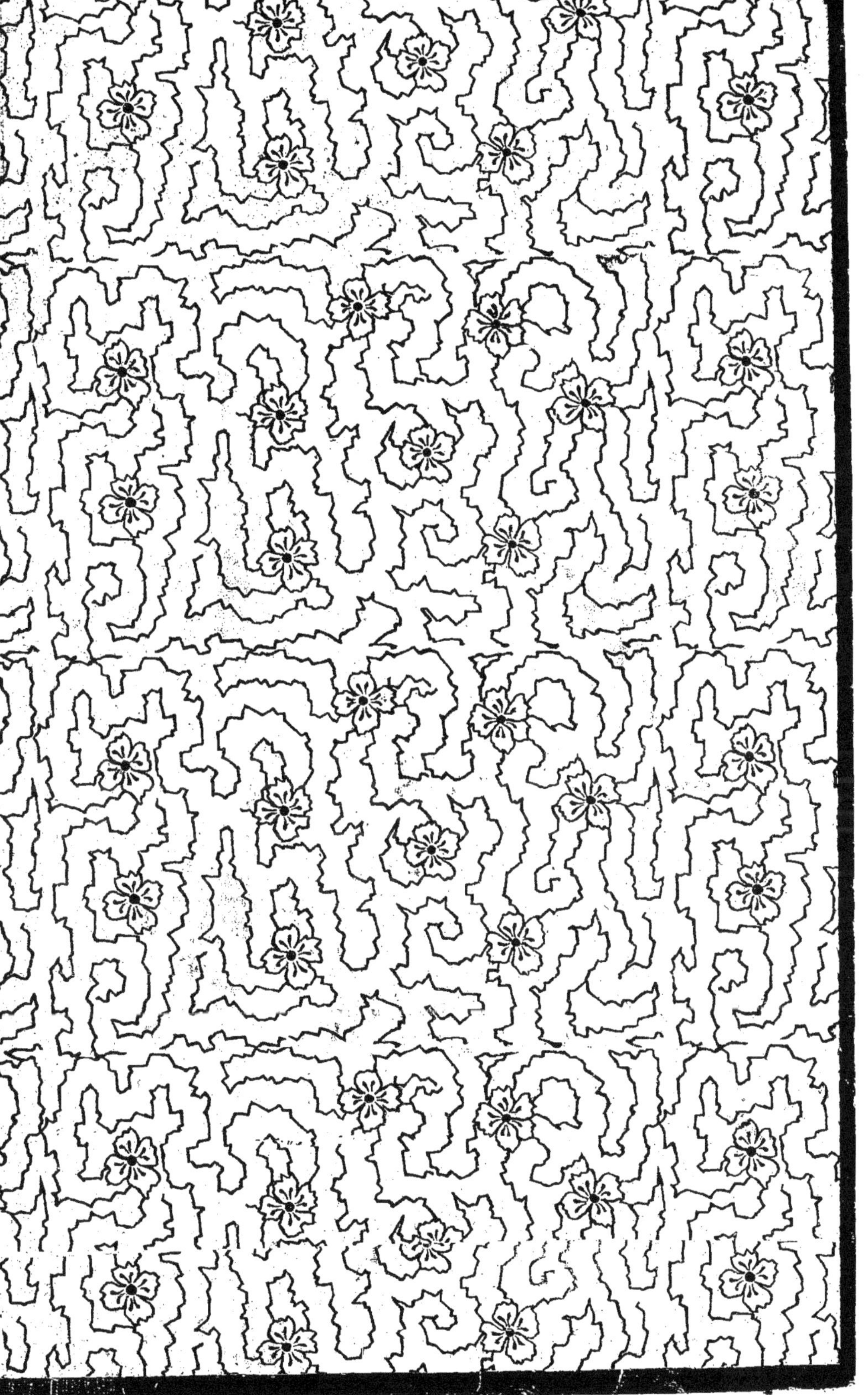

www.ingramcontent.com/pod-product-compliance
Ingram Content Group UK Ltd.
Pitfield, Milton Keynes, MK11 3LW, UK
UKHW012242240726
13966UKWH00003B/1239